婴幼儿生活照护

主　编　金春燕　卢陈婵

副主编　苗芳芳

编　者（按姓氏笔画排列）

陈爱雅　韩丹丹　解祎炜　吴晓琛　朱　珠　孙艺欣

复旦大學出版社

内容简介

本书为婴幼儿托育系列教材，以回应性照护为核心展开婴幼儿生活照护。全书突出职业特色，具有实操性，体现了情境化的教学理念。

全书分为6个模块，分别是婴幼儿生活照护概述、婴幼儿生理发育及测量、婴幼儿日常生活照护实务、婴幼儿心理发展及回应、婴幼儿照护环境创设、婴幼儿生活照护能力评价。每个模块设置了模块导读、思维导图、案例导入、任务要求以及图片、视频示范等内容，另有教学设计方案、课件等资源可供教学参考。读者可扫描书中二维码观看，也可登录复旦学前云平台www.fudanxueqian.com）免费下载。

本书适用于托育相关专业学生以及托育机构教师使用。

复旦学前云平台

数字化教学支持说明

为提高教学服务水平，促进课程立体化建设，复旦大学出版社学前教育分社建设了“复旦学前云平台”，为师生提供丰富的课程配套资源，可通过“电脑端”和“手机端”查看、获取。

【电脑端】

电脑端资源包括 PPT 课件、电子教案、习题答案、课程大纲、音频、视频等内容。可登录“复旦学前云平台”www.fudanxueqian.com 浏览、下载。

Step1 登录网站“复旦学前云平台”www.fudanxueqian.com，点击右上角“登录/注册”，使用手机号注册。

Step2 在“搜索”栏输入相关书名，找到该书，点击进入。

Step3 点击【配套资源】中的“下载”（首次使用需输入教师信息），即可下载。音频、视频内容可通过搜索该书【视听包】在线浏览。

【手机端】

PPT 课件、音视频、阅读材料：用微信扫描书中二维码即可浏览。

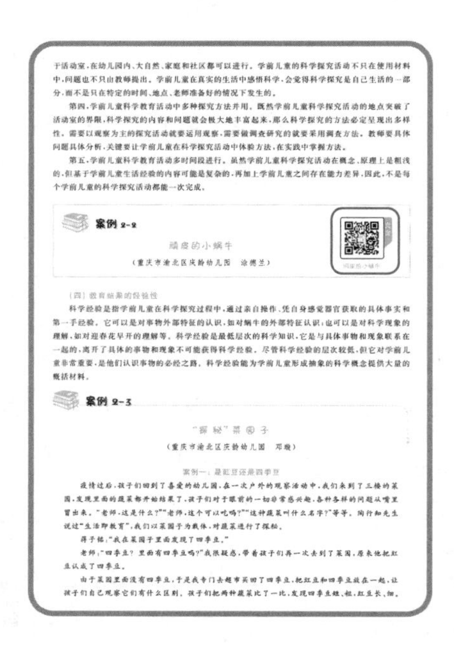

扫码浏览

【更多相关资源】

更多资源，如专家文章、活动设计案例、绘本阅读、环境创设、图书信息等，可关注“幼师宝”微信公众号，搜索、查阅。

平台技术支持热线：029-68518879。

“幼师宝”微信公众号

前言

儿童是国家的希望与民族的未来，儿童早期发展将为人的一生发展奠定坚实基础。高质量照护是儿童早期发展的关键要素，不仅关系到人的终身健康，也关系到国家高质量的人才储备。

我国对儿童健康与发展越来越重视，《中国儿童发展纲要(2021—2030年)》《中华人民共和国家庭教育促进法》《关于推进儿童友好城市建设的指导意见》等法律和政策文件的出台，都体现了国家对儿童健康与发展的高度重视。尤其是2019年5月9日印发的《国务院办公厅关于促进3岁以下婴幼儿照护服务发展的指导意见》(以下简称《意见》)，极大地促进了我国托育和儿童早期发展事业。然而，当前我国婴幼儿照护服务体系尚在建设过程中，还存在一系列的问题，如托育机构供给不足、托育服务质量有待提高和规范化管理、家庭内照护需要更科学的指导，以及婴幼儿照护服务人才的数量和专业素养有待提高等。

在这样的大背景下，本教材立足于培养专业的婴幼儿照护服务人才，在探究和解读《意见》及相继出台的《托育机构保育指导大纲(试行)》的基础上，结合国内外先进的3岁以下婴幼儿照护理论和实操，摆脱传统教材中重理论的倾向，以通俗易懂、深入浅出的方式对婴幼儿照护实操进行了阐述。本教材为“婴幼儿托育系列教材”之一，是融合型、新形态教材，包含丰富的教学资源，如大量实操视频、教学用PPT及练习题等。该教材注重科学性、先进性和适用性，致力于0～3岁婴幼儿保育教育相关专业发展前沿知识。在内容方面，结合婴幼儿生理心理特点，把回应性照护放在首位，详细阐述了生长发育照护、日常生活照护、心理发展照护、照护环境创设、照护评价的理论、实操知识和在照护过程中与婴幼儿的积极互动方式等，并力争做到内容全面、目标准确、便于实操。同时融入思政目标，引导学生关爱婴幼儿，树立正确的儿童观、教育观、科学的婴幼儿照护观。在结构上，以案例作为知识点的切入，引发学生思考，并以任务驱动，最终完成实践，把重点放在实践上，增加了实践教学及案例分析相关内容，注重培养学生在实际场景中的有效应对能力及分析问题、解决问题的能力。

本书由金春燕(乐山师范学院教师、日本筑波大学医学博士)、卢陈婵(温州城市大学学前教研中心主任)担任主编并主持编写，制订编写计划，提出编写思路与要求，苗芳芳(乐山师范学院教师、西南大学学前教育专业硕士)担任副主编并拟定编写提纲。具体分工为模块一由韩丹丹(台州开放大学教师、南京师范大学学前教育专业硕士)、吴晓琛(浙江东方职业技术学院婴幼儿托育服务与管理专业教研室主任)编写;模块二由卢陈婵、陈爱雅(温州城市大学教师、教师教学发展中心科长、浙江师范大学学前教育专业硕士)编写;模块三由金春燕编写;模块四由苗芳芳、金春燕编写;模块五由解祎炜(扬州市职业大学教师、澳大利亚悉尼大学学前教育硕士)、金春燕编写;模块六由朱珠(徐州幼儿师范高等专科学校、日本筑波大学医学博士)编写。孙艺欣提供部分实践视频拍摄。

本教材在编写过程中,参考了国内外学者及同行优秀的研究成果,也汇聚了编者曾访问或调研过的托育园、幼儿园所的实景图及照护场景。在此,特别感谢成都市成华区格林春天浅水半岛幼儿园及乐山市市中区常青藤幼儿园提供场景拍摄,四川省悦思贝儿教育科技有限公司提供部分插画,也感谢乐山师范学院学前教育专业“in memory”拍摄团队的视频剪辑。

由于婴幼儿早期教育的实践和理论正处于快速发展中,书中难免存在不足之处,恳请广大读者提出宝贵意见,以便编者进一步完善。

编　者

2022 年 7 月

目录

模块一
婴幼儿生活照护概述

模块导读

婴幼儿生活照护指在日常生活中，托育机构和家庭根据0～3岁婴幼儿成长发育规律和心理发展特点创设适宜的环境，给予其身体健康和精神健康方面的照看和护理。其目的在于为家庭和托幼教师提供指导和自我监测指标，帮助其科学育儿。其意义在于树立正确照护观念，为婴幼儿提供科学、规范的照护服务，提升照护质量，促进婴幼儿身体和心理的全面发展，并且为家庭提供照护服务与指导服务。

学习目标

1. 热爱婴幼儿照护事业，树立正确的儿童观。
2. 理解婴幼儿生活照护的定义。
3. 理解和掌握婴幼儿生活照护的目的及内容。
4. 理解婴幼儿生活照护的意义及原则。

内容结构

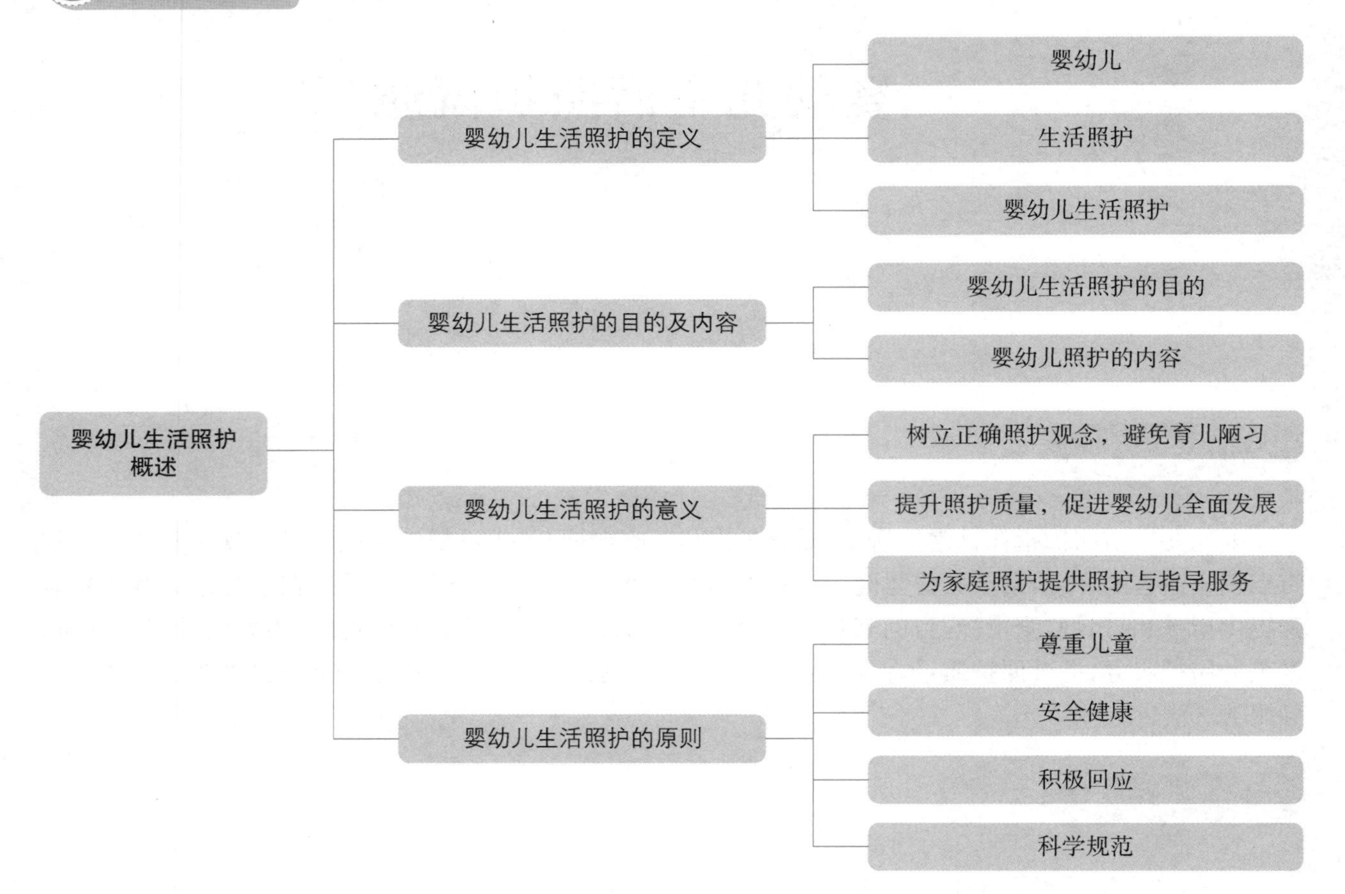
婴幼儿生活照护概述
婴幼儿生活照护的定义
婴幼儿
生活照护
婴幼儿生活照护
婴幼儿生活照护的目的及内容
婴幼儿生活照护的目的
婴幼儿照护的内容
婴幼儿生活照护的意义
树立正确照护观念，避免育儿陋习
提升照护质量，促进婴幼儿全面发展
为家庭照护提供照护与指导服务
婴幼儿生活照护的原则
尊重儿童
安全健康
积极回应
科学规范

任务1　婴幼儿生活照护的定义

案例导入

婷婷(化名)是一个新手妈妈,孩子的照看由其和其母亲负责。孩子没出生之前,她和母亲相处融洽。可自从孩子出生以后,在照看孩子方面,她常常因为和母亲的意见不同而发生争执。比如有一次孩子哭了,她要过去抱孩子。母亲一边说刚喝过奶肯定不是饿了,一边过去检查了一下孩子的尿布和衣服。发现没有尿尿也没有出汗,便说肯定是孩子在无理取闹,想用哭作为武器威胁我们大人,你不要理他,他哭一会儿就不哭了。孩子哭了半个小时,小脸都憋得通红了,母亲依然不让婷婷去抱孩子,说这样就代表大人妥协了,下次他还会动不动就哭,这样养出来的孩子娇气、黏人。如果孩子哭了,我们不理他,他就知道不能娇气,就不会动不动就哭,这样孩子长大会比较皮实,不黏人。婷婷虽然刚当妈妈,可是一直在阅读照看婴儿方面的书籍,她认为照看婴儿应该是富有温情的,不应该冷冰冰的,没有人情味。小婴儿吃饱了、穿暖了还要哭,有可能是想让大人陪他说说话、聊聊天,想让大人抱抱他。

任务要求

1. 知道广义和狭义婴幼儿的概念。
2. 掌握婴幼儿生活照护的定义。

核心内容

一、婴幼儿

在人类历史发展的长河中,比较长的时期内,儿童并没有被看作是一个独立的个体,而是“缩小版”的大人,在成人看来,儿童与成人不同的地方在于身高和体格。不管在东方还是西方,较早时期的国家都存在不同程度的“性恶说”,认为儿童一生下来就是恶的,需要成人的约束、管教甚至打骂才能驱除身上的罪恶。比如东方的古埃及就有关于学校的最早记载,在学校中,可以施行灌输与惩戒,教师施行体罚被视为正当合理行为。古埃及谚语说“学神把教鞭送给人间”“男孩的耳朵是长在背上的,打他他才听”。有的人甚至将教育比作驯兽,把教鞭当作教育的同义词。而西方的古罗马制定有“父权法”,“父权法”中规定:子女乃父母的私有财产,父亲对子女有生杀予夺之权;尤其对残疾儿童,出生后应“立即灭绝”。

最早发现儿童,将儿童看作儿童的是法国文学家、政治家、思想家卢梭。卢梭提出,“儿童是有他特有的看法、想法和感情的;如果想用我们的看法、想法和感情去替代他们的看法、想法和感情,那简直是愚蠢的事情”。但卢梭的观点带有浪漫主义幻想的色彩,缺少实证研究。1882 年,德国心理学家普莱尔通过对自己孩子为期三年的研究,撰写了《儿童心理》一书,开启了对儿童心理实证研究的先河。随着儿童心理学的不断发展和细化，人们把儿童又分为学前期（广义）和学龄期，学前期（广义）又分为婴儿期、先学前期和学前期（狭义），如图 1－1。

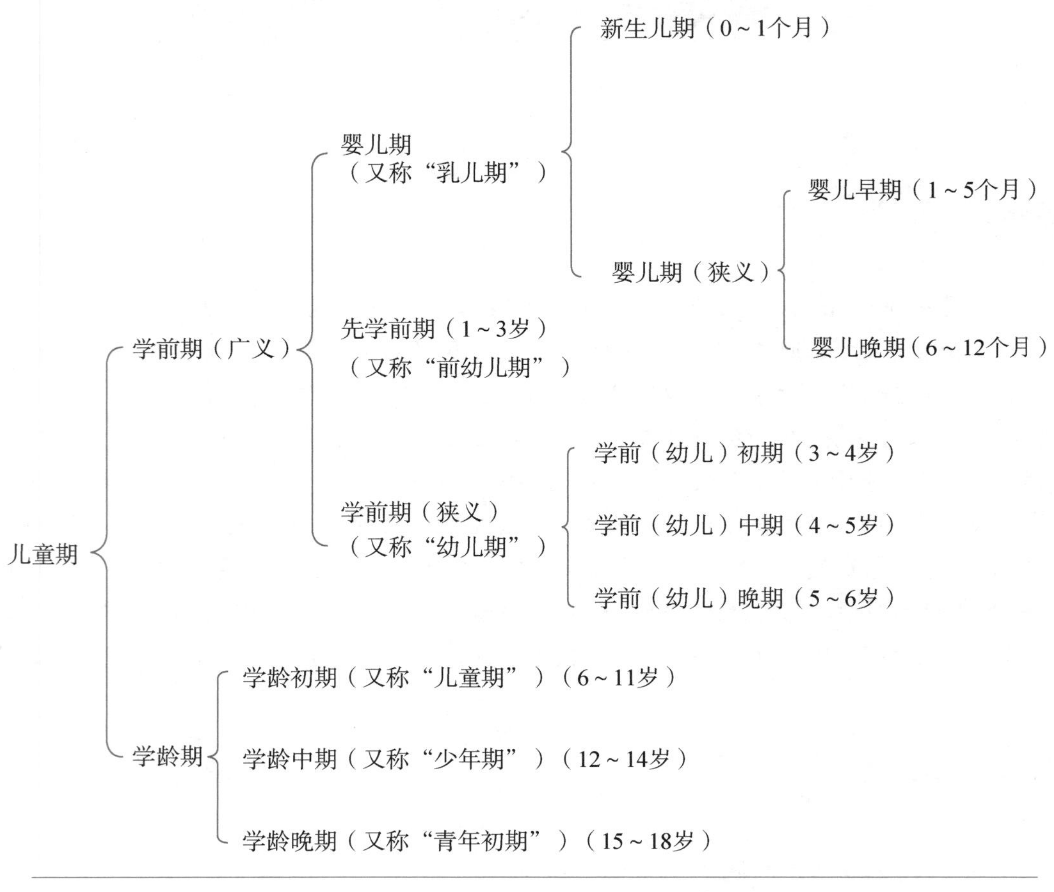

图 1－1　儿童期的年龄阶段划分①

根据学前儿童发展心理学方面的研究，广义的学前期分为婴儿期、先学前期和学前期。婴儿期包含新生儿期（0～1 个月）和狭义的婴儿期（1～12 个月）；1～3 岁年龄阶段被称为先学前期（前幼儿期）；3～6 岁被称为学前期（幼儿期）。广义的婴幼儿是指出生到 6 岁的儿童。本书中的研究对象主要指未入幼儿园的婴儿期和先学前期的儿童，即 0～3 岁的婴幼儿。

二、生活照护

“照护”一词之前主要使用在养老和医疗领域，与其类似的词还有“照顾”“护理”“看护”等，都指为身体残疾或有慢性疾病的失能或者部分失能人群提供的长期医疗照护服务、康复照护服务、生活照护服务、心理疏导以及临终关怀等服务。但每个词的含义又略有不同，比如“照护”是指对需要被提供照护服务的对象给予身体健康和精神健康方面的护理以及长期为他们提供日常生活援助的一种服务方式②。照护本身指的就是在日常生活中对需要的群体提供的一种服务，所以，生活照护其实就是照护。

正如定义中所讲的那样，照护不仅指身体健康方面的护理，也包含精神健康方面的护理。尤其随着社会经济的发展，物资不再匮乏，人们的日常生活（吃、穿、住、用等）都能得到基本的保障，人们不再像过去那样只要物质层面的需求得到满足就能满足了，而是开始关注服务的情感维度，即照护者是否

① 陈帼眉，冯晓霞，庞丽娟．学前儿童发展心理学[M]．北京：北京师范大学出版社，2013．
② 宋乐飞．日本的介护保险制度及其对我国的启示[D]．沈阳：沈阳师范大学，2016．

能满足照护对象情感和尊重的需求。这种现象的出现是符合人的社会心理需求的基本规律的。美国社会心理学家亚伯拉罕·马斯洛提出了需要层次理论，认为人的不同需求有高低之分，分成五个等级，由低级到高级分别是：生理需求（physiological needs）、安全需求（safety needs）、爱与归属的需求（love and belonging needs）、尊重需求（esteem）和自我实现需求（self-actualization needs），如图1－2。一般情况下，人最先追求的是低层次的需求，当低层次的需求得到满足后，便会进一步追求较为高级层次的需求。在当下社会，对照护的精神层面的要求会越来越高，这也将是衡量照护质量的重要指标之一。

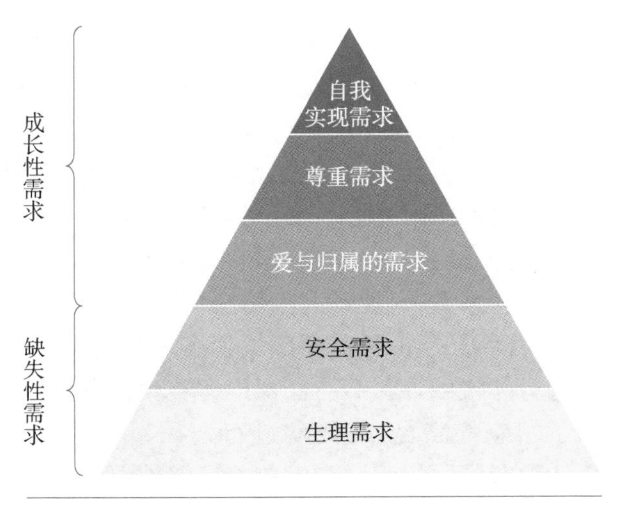

图1－2　马斯洛需要层次理论

三、婴幼儿生活照护

之前国内外比较长的一段时间甚至当下，在照护婴幼儿方面，父母认为只要极尽所能为他们提供丰富的物质，满足其物质方面的需求，就是把最好的爱和照护给予了孩子。这种认知不仅是来自民间的非学术的看法，甚至在心理学界也有曾有专家提出类似的学术观点。美国心理学家、行为主义心理学的创始人约翰·华生就提出过，在照顾孩子时太多的母爱是危险的，要像对待成人那样对待你的孩子。比如，可以和他握手，但别拥抱和亲吻他们；又如，孩子对爱的需求主要来源于对食物的需求，满足了他对食物的需求就满足了他们对爱的需求。

20世纪50年代末，美国威斯康辛大学动物心理学家哈里·哈罗对恒河猴做了一系列著名的实验：母爱剥夺实验。哈罗及其同事将新生第一天的一群婴猴分别关在一个隔离的铁笼子里，每个笼子里面还一起关了两个假母猴。其中一个假母猴是用铁丝做成的，上面还挂了特制的可以喝到奶的橡胶乳头，另外一个假母猴是用绒布做成的，但上面没有任何可以吃的东西。哈罗及其同事对这些婴猴进行了为期165天的观察，发现婴猴一天当中大部分的时间都与绒布母猴待在一起，只有在肚子饿的时候才到铁丝母猴这边觅食，当吃饱之后又会返回到绒布母猴身边。尤其是在雷雨天电闪雷鸣的时候，恐惧的婴猴会快速跑到绒布母猴这边寻求安慰。实验结束后哈罗将这些关在隔离笼子里的猴子放到正常猴群中进一步观察，他发现这些与母猴隔离的婴猴无一例外长期处于焦虑不安、孤僻、不合群、怕生、胆怯、被欺负时选择逃避等状态。哈罗及其同事由此得出结论：接触是爱的重要变量之一。虽然这个实验是以恒河婴猴为研究对象，但其结论对人类婴幼儿也具有重要的参考价值。

其实早在20世纪初，就有研究表明有情感、回应式的照护对婴儿发展的重要性。20世纪40年代，一些心理学家在研究婴儿早期依恋的时候，发现缺少回应、只是例行公事地照顾婴儿，对于婴儿终身发展将产生不可逆转的不良影响。这些不良影响涉及认知、情感和社会适应方面。研究者以孤儿院的婴儿和保育员作为研究对象，发现保育员在照护婴儿时，只是例行公事地完成任务，诸如换尿布、塞奶瓶、换衣服等。在做这些工作时，保育员跟婴儿之间几乎没有眼神的接触，更没有逗乐、游戏和亲吻等亲密行为。这种冷漠的照护方式，使得婴儿早期涌现出来的种种情感的需求与表达，都因得不到及时反馈而逐渐减弱，并会表现出社会适应不良、对他人缺乏信赖、对自己缺乏自信以及情感上的冷漠。

对于婴幼儿，情感需求是一种和物质一样重要的需求，得不到满足会直接导致婴幼儿在认知、情感、社会性等方面的发展出现障碍，并引起不可逆的改变。上述恒河猴“母爱剥夺实验”的研究者哈罗自身也是此种重物质、轻情感的养育模式的受害者。据哈罗自身回忆，年幼时母亲对哈罗的照护在物质上是非常丰满的，但却很少与哈罗有肢体上的接触和情感上的互动，这也导致了哈罗在生活中情感相对冷漠，他会将小婴猴与其母亲残忍分开进行为期165天的实验，最终导致这些婴猴不能融入正常猴群生活，甚至出现拒绝繁殖的工作案例也从侧面印证了这一点。另外，提出"婴儿对爱的需求来源于对食物的需求，满足了他对食物的需求就满足了他们对爱的需求"这一观点的华生，其子女的结局也非常悲惨，其大儿子自杀，女儿多次自杀未遂，小儿子靠流浪为生。

综合来看，对婴幼儿生活照护不能仅停留在有充足物质条件的层次。除了满足婴幼儿基本的安全和生活需要外，更需要照护者满足婴幼儿对情感的需求。这就要求照护者应当尽可能多与婴幼儿保持身体接触，诸如爱抚、拥抱、亲吻等，并且尽可能多与婴幼儿进行互动，及时发现婴幼儿的需求并给予相应的满足，与婴幼进行逗乐、玩耍等。2018年，世界卫生组织（Word Health Organization，WHO）等国际组织联合发布养育照护促进儿童早期发展框架（Nurturing care Framework，NCF），将养育照护正式定义为"一个由照护者创造的环境，旨在确保儿童身体健康、饮食营养，保护他们免受威胁，并通过互动给予情感上的支持和响应，为他们提供早期学习的机会"，明确了婴幼儿的生活照护应当包含情感上的支持和照护中的回应。因此，在照护过程中，养育者需要通过日常生活观察和互动过程，感知并解读婴幼儿动作、声音、表情和口头的需求，并及时给予积极恰当的回应。

国内研究在"照护（care）"的概念中也体现出对儿童自身健康发展需求与照护过程中互动的重视。例如，根据洪秀敏译注的《科学照护与积极回应》一书中，"照护"可以综合地看作是婴幼儿照料者基于婴幼儿的发展和需求，提供相应的照料与干预，并为婴幼儿构建和创造适宜的生活教育环境。在朱宗函的研究中则把"照护"概括为父母和养护者在同婴幼儿共同生活的过程中，为婴幼儿提供喂养、照料、陪伴、玩耍、交流、学习等内容，从而保障和促进婴幼儿健康成长的行为。

结合国内外研究现状，本书将婴幼儿生活照护定义为：托幼机构和家庭在日常生活中，照料者根据0～3岁婴幼儿的发展和需求，提供积极回应的照料与干预，并为婴幼儿构建和创造适宜的生活教育环境。体现以"保育为主，教育为辅，保教结合"的照护理念和工作特征，促进婴幼儿在身体发育、动作、语言、认知、情感、个性与社会性等方面的全面发展。

相比于一般大众认知的婴幼儿生活照护，回应式照护需要具备更多婴幼儿发展的理论知识和更为先进的实践理念。本书侧重回应式照护，不仅可以满足婴幼儿基本的生理需求，更是可以通过对婴幼儿情感上的回应和互动，成为促进婴幼儿心理健康发展的一种更高标准的照护方式。

任务2　婴幼儿生活照护的目的及内容

案例导入

兰兰(化名)是一名托儿所的实习教师,刚从学校毕业。虽然,她学的是学前教育专业,但是在来托儿所之前她没有照护这么小的婴幼儿的经验。

她不知道应该做什么,什么时候做,如何做。每次都是主班老师叫她说该给小朋友换尿不湿了,她才去换。帮小朋友换尿不湿的时候会发现尿不湿都尿满了,她很好奇主班老师是怎么知道的。最近,她费尽心思给小朋友们设计了一个过河的游戏,结果却发现小朋友们一点都不配合。她在河的两头分别放了两个呼啦圈代表河的两岸,然后用两张纸代表桥。她要求小朋友从一个呼啦圈开始,然后把纸轮流放在地上,用脚踩在纸上(桥上)过河。结果当她把纸给小朋友的时候,小朋友拿着纸就从一个呼啦圈跑到了另一个呼啦圈。她只好把小朋友抓回来,一个动作、一个动作地教。而其他小朋友要在旁边轮流候场,在等了一会儿之后,他们便耐不住性子,到处爬、到处跑,甚至有的跑出了门。其他几个老师只好帮忙把小朋友一个一个抓回来。

任务要求

1. 了解婴幼儿生活照护的目的。
2. 掌握婴幼儿照护的主要内容。

核心内容

一、婴幼儿生活照护的目的

(一) 落实《国务院办公厅关于促进3岁以下婴幼儿照护服务发展的指导意见》

近年来,国家对3岁以下婴幼儿照护服务高度重视。习近平总书记提出了"幼有所育",为了落实"幼有所育"的指导思想,2019年颁布了《国务院办公厅关于促进3岁以下婴幼儿照护服务发展的指导意见》(以下简称《意见》)。《意见》中提出"加强对家庭婴幼儿的早期发展指导"和"要规范发展多种形式的婴幼儿照护服务机构"的发展任务。任务中明确提出"要为家长及婴幼儿照护者提供婴幼儿早期发展指导服务,增强家庭的科学育儿能力""要加强婴幼儿照护服务专业化、规范化建设,遵循婴幼儿发展规律,建立健全婴幼儿照护服务的标准规范体系"。当前市场上有关0～3岁婴幼儿照护方面的书籍主要针对家庭对婴幼儿早期部分方面发展的指导,很少涉及托幼教师和托幼机构。本书本着落实《意见》的原则,对家庭和托幼教师在科学育儿方面分模块进行详细而科学的指导。

（二）为家庭和托幼机构教师提供指导，帮助其科学育儿

目前我国婴幼儿生活照护方面的内容还急需完善，很多家长在教育理念上还不够科学和人性化，照护婴幼儿方面的知识和技能也比较欠缺，通过科学、系统、实用的内容为婴幼儿早期发展提供指导，在帮助其认识婴幼儿的生理、心理发展特点的基础上改进其育儿理念、指导其育儿方法、提高其育儿环境创设能力，最终增强其科学育儿能力，势在必行。

1. 为家庭和托幼机构教师提供较为详细的健康发育指标，方便其做好发育监测

家庭和托幼机构教师可以根据生长指标做好婴幼儿的发育监测和定期健康检查，并根据婴幼儿的实际情况做好生活照护，从而更好地保障和促进婴幼儿的健康与发展。比如可以根据对婴幼儿定期监测的数据评估婴幼儿的体格生长状况、行为发展状况，了解其生长发育是否偏离正常指标，是否存在风险；通过这种早期筛查及时发现偏离和疾病，及时提供营养、微量元素等，提供早期干预和医疗服务，同时指导家庭和托幼机构提供有利于婴幼儿发展的养育照护。

2. 为家庭和托幼机构教师提供正确的教育理念，使其树立正确的育儿理念

本教材在借鉴大量国内外婴幼儿照护的相关研究的基础上，根据一手的育儿实践提出了一些有利于婴幼儿身心健康发展的教育理念，以期帮助家长及托幼机构工作人员树立正确的育儿理念。本教材的婴幼儿照护偏向于回应式的生活照护。与传统的照护不同的是，回应式照护是一种非常重视家庭和托幼工作人员能在日常生活中细致、敏感地观察婴幼儿动作、声音、表情和口头请求等方面的需求后，能及时给予积极、恰当回应的照护方式。回应式生活照护可以帮助婴幼儿与照护者之间建立信任、安全和良好的依恋，帮助婴幼儿逐渐与外界形成良好的社会关系，使其充满自尊、自信，在充满爱的环境中健康成长。

敏感地观察婴幼儿的需求是回应式照护所需要的一项非常重要的能力。每个婴幼儿都是一个独立的个体，有着自己独特的个性和表达方式，只有敏感地观察才能更好地读懂婴幼儿不同的信号及其想要表达的不同含义，才能较好地对婴幼儿的行为做出适当的回应。同样，回应也是需要技巧和策略的。在问题解决情境中，照护者可以运用以下 4 项技能来引导和回应婴幼儿：①准确判断婴幼儿在面对问题时所能承受的最大压力水平；②及时关注婴幼儿的需求和良好行为表现；③提供与其需求和行为相匹配的反馈；④为婴幼儿的言行树立榜样。

3. 为家庭和托幼机构教师提供具体的照护方法，增强其科学育儿能力

科学的育儿能力和科学的育儿理念一样，对于家庭和托幼机构教师来说都是必不可少的。很多新手家长和托幼机构教师在接触到婴幼儿之前可能就已经准备好并了解了相关的一些理念。但是在实践中究竟该如何做，很多人在具体方法上还是比较欠缺的。比如喂养方面，冲泡奶粉水温多少比较合适，具体步骤是什么？如何喂才能更好地减少婴儿溢奶和婴儿肠绞痛？随着婴幼儿年龄的增大，如何添加辅食才能保证婴幼儿快速生长对营养的需求？添加辅食应该注意哪些事项？婴幼儿不同阶段的心理特点及表现有哪些？如何针对婴幼儿不同的心理特点进行照护，从而满足婴幼儿的心理需求，促进婴幼儿认知、情感、语言等方面更好地成长和发展？本书将以文字、图片、视频等方式，为家庭和托幼机构教师的婴幼儿照护提供具体操作方法，增强其科学育儿能力。

4. 为家庭和托幼机构教师进行环境创设提出具体建议，增强其环境创设能力

为婴幼儿创设一个安全且具有学习意义的环境在婴幼儿照护过程中非常重要，一方面可以有效地保护婴幼儿免受伤害，如将药品、剪刀、热水瓶等危险物品远离婴幼儿的活动范围；另一方面可以更好地让婴幼儿自主活动，比如铺上爬行垫可以有效防止婴幼儿在爬行时摔倒磕到嘴巴、鼻子，较矮的沙发有利于婴幼儿爬上沙发或不小心摔下来而不会受伤等。还可以让环境“说话”，更好地发挥隐形教育的作用，如墙面上张贴婴幼儿的随手涂鸦，可以让婴幼儿之间更好地相互学习，一个随处可见书籍的环境可以让婴幼儿爱上阅读等。通过创设适合的环境，可以让婴幼儿在安全、温馨的环境中汲取

精神食粮，更好地成长。

5. 为家庭和托幼机构教师提供自我监测指标，以便其做好自我监测

家庭和托幼机构教师在照顾婴幼儿的时候难免会出现一些自己意识不到但又非常重要的育儿盲区，如在照护婴幼儿方面存在哪方面的不足、哪些方面需要调整和改进，这也是家庭和托幼机构教师需要关注的问题。比如，喜欢安静的家庭可能会忽略婴幼儿的户外活动时间，对婴幼儿过度保护的家庭可能会限制婴幼儿的活动和自主探索，喜欢熬夜的家庭可能会导致婴幼儿睡眠颠倒、睡眠不足，每个家庭或者托幼机构教师都会受局限于个人的成长经验和所生活的环境，存在育儿意识和能力上的盲区，本书将会为家庭和托幼机构教师提供自我监测指标，以便其做好自我监测。

二、婴幼儿生活照护的内容

根据婴幼儿生活照护的目的，婴幼儿生活照护的内容可分为以下 5 个方面。

（一）婴幼儿生长发育监测

保育师及家长要根据婴幼儿生理发育的规律及特点对婴幼儿生长发育进行照护。理解婴幼儿生长发育特点，根据发育指标对婴幼儿进行相应发育的测量是婴幼儿生活照护的重要内容之一。保育师及家长在照护婴幼儿的过程中，需要掌握婴幼儿每一个月龄阶段的生长发育指标，并根据指标对婴幼儿的健康及营养状态进行初步判断。为了获得更为准确的结果，需要保育师和家长学会正确测量身高、体重、头围等的方法。虽然婴幼儿的个体发展具有一定的差异性，但在整体的发展上要尽可能在指标范围内。

（二）婴幼儿日常生活照护

对于 3 岁以下的婴幼儿来说，首先要满足其生理需求。日常生活中的喂养、穿脱与清洁、睡眠、排泄与如厕等日常生活都需要大人的呵护与精心照料，是婴幼儿照护的重中之重。科学的喂养不仅可以满足婴幼儿的营养需求，也可以让婴幼儿养成良好的饮食习惯，了解饮食文化、掌握饮食礼节，为将来理解并传承饮食文化奠定一定的基础。及时换上干净整洁的衣服并根据需求进行清洁，可以在很大程度上预防传染性疾病，保证婴幼儿健康成长。随着身体控制能力的不断加强，0～3 岁的婴幼儿将经历从尿布转为如厕的巨大转变。除了通过观察大小便监查婴幼儿的健康状况以外，婴儿期勤换尿布保持整洁舒适和幼儿期让其养成良好排便习惯也同样重要。保育师和家长要通过观察，判断并回应婴幼儿的需求，提供高质量的日常照护。

（三）婴幼儿心理发展照护

婴幼儿时期在人的心理发展过程中是非常重要的时期。这一时期的性格塑造、习惯的养成将对人的一生产生影响，因此婴幼儿的心理发展特点需要得到符合各年龄阶段的心理照护。对于 3 岁以下的婴幼儿，动作、语言、认知、情感与社会性的发展迅速，提供相应的心理发展照护也是对其实施教育的重要组成部分。首先，为了理解婴幼儿在日常生活中经常出现的一些问题的原因，例如婴幼儿为什么爱吃手？为什么爱黏人？为什么喜欢看图片？为什么情绪会阴晴不定等，需要了解婴幼儿心理发展特点。其次，为了让婴幼儿在动作、语言、认知、情感与社会性等方面得到更好的发展，需要围绕婴幼儿以上各方面的发展提供照护。

（四）婴幼儿照护环境创设

环境是婴幼儿赖以生存和成长的重要场所。无论是物理环境还是人际环境，与环境的互动对 3 岁以下婴幼儿的影响是非常巨大的。温馨的、充满童趣的物理环境将促进婴幼儿的探索欲望,而充满关爱和呵护的人际环境则会让婴幼儿得到更多的愉悦与满足。怎样才能创设适合婴幼儿发展的托育机构及家庭环境是身为婴幼儿照护者要面临的一个重要课题。

(五)生活照护能力评价

虽然为婴幼儿提供了生长发育监测、日常生活照护及心理发展照护,但如果缺少评价机制,将无法判定为婴幼儿提供的照护是否科学规范的、是否是积极回应的、是否符合婴幼儿发展等。因此,对家长及保育师生活照护能力进行定期评价,并根据评价结果调整照护方法也是婴幼儿照护的重要内容之一。通过评价,不仅可以提高保育师及家长的照护效率,也可以让婴幼儿得到更好的发展。

任务 3　婴幼儿生活照护的意义

案例导入

5个月大的乐乐静静地躺在医院里。由于天气变冷，爷爷奶奶担心乐乐受凉，给他里里外外裹了8件衣服，盖了2层厚被子，结果乐乐呼吸急促，体温异常升高，明显脱水，家人立即送往医院，经医生诊断，乐乐患上了捂热综合征。据介绍，捂热综合征死亡率达10%～30%，且极易留下后遗症。医生提醒：婴儿的体温高于大人的体温，父母无需过度担心孩子会受凉。

讨论 该案例说明婴幼儿照护中存在哪些问题？

提示 祖辈抚养孙辈在我国是十分常见的现象，从积极的角度来看，有利于老年人的身心健康及孙辈某些良好品质的形成等。但同时也存在一些弊端，如缺少现代教育理念，尤其是许多老人缺乏幼儿保健、营养、安全等方面的知识，照护时容易出现问题。

任务要求

1. 理解婴幼儿生活照护的意义。
2. 认识婴幼儿生活照护的重要性。
3. 联系实际体会从事婴幼儿生活照护工作的责任感。

核心内容

随着社会不断发展，人民生活水平不断提高，科学育儿理念逐渐深入人心，尤其对3岁以下婴幼儿的照护越来越重视。国务院颁布的《意见》中要求充分调动社会力量的积极性，多种形式开展婴幼儿照护服务，逐步满足人民群众对婴幼儿照护服务的需求，促进婴幼儿健康成长。在我国，受传统习惯以及资源短缺等因素影响，婴幼儿照护和儿童早期教育服务发展不充分、不平衡等问题较为突出，因此大力提倡并推广婴幼儿照护对婴幼儿的健康成长具有非常重要的意义。

一、树立正确照护观念，避免育儿陋习

婴幼儿照护长期以来都是以家庭照护为主，隔代养育在社会家庭中普遍存在，近80%的婴幼儿主要由祖辈参与照护，入托率低。家庭照护容易受经验主义影响，存在一定的隐患。祖辈的育儿观念相对较传统，往往看重自己的经验，而经验是一把“双刃剑”，有时能解决问题，有时却未必正确。此外也可能因老人的溺爱造成幼儿过于“自我中心”，影响自我意识的发展。家庭照护不科学、不规范，幼儿的人格发展和性格塑造会受到严重影响，有可能导致情感缺失，造成自卑、自弃、自控能力低下。

婴幼儿时期是人类生命发展的关键时期，该阶段的发育情况关系着人类后期的生长情况和健康情况。婴幼儿日常的喂养、生活、感知、交流、互动、玩耍、经历等，都会影响婴幼儿最初能力的增长。有些老人在婴儿满1～2个月后就会喂米糊，这是因为他们过去受条件限制，没有条件母乳喂养或没有奶粉。实际上，两个月的婴儿肠道发育还不完善，没有办法完全消化米糊，至少要等到4个月之后才可以添加辅食。婴幼儿养育照护主要在家庭中进行，树立正确照护观念，为家庭提供科学养育指导，对促进婴幼儿发育潜能的突现、促进婴幼儿的健康成长至关重要。

◆ 拓展阅读 ◆

隔代照料，是指由祖辈替代父辈对孙辈进行照料的家庭照料方式。隔代照料产生的隐患现象被称为“隔代隐患”。有研究表明，提供隔代照料对老年人的日常活动能力、自评健康状况、心理健康状况三方面均产生了负面影响。①

二、提升照护质量，促进婴幼儿全面发展

日本教育家木村久一在《早期教育与天才》一书中说，儿童的潜在能力遵循着一种递减规律，即生下来具有100分潜在能力的儿童如果一出生就得到理想的教育，就可以成为具有100分能力的人；若从5岁开始教育，只能成为具有80分能力的人；若从10岁开始教育，就只能成为具有60分能力的人。现代生理学、心理学研究也表明，婴幼儿时期是大脑快速发育的时期，具有巨大的挖掘潜能和可塑性。因此婴幼儿时期是人生发展的关键时期，需要父母及保育师给予必要的照护，使婴幼儿身心全面发展。

儿童发展是由遗传与环境两种势力交互作用和共同决定的。遗传赋予儿童生长发育的所有潜力；而环境，也就是早期的养育照护，为儿童提供了早期发展的成长环境和条件，使儿童的发育潜力得到充分的发展。2018年WHO等国际组织联合发布养育照护促进儿童早期发展框架，明确了以“健康、营养、安全、回应性照护和早期学习机会”为核心内容的养育照护策略。良好的生活照护，不仅意味着保证婴幼儿的安全、健康和良好的营养状况，也包括关注和回应婴幼儿的需求和兴趣，鼓励婴幼儿探索身边环境，以及与父母和其他人进行互动。如培养婴幼儿懂礼貌，主动打招呼，说“你好”“再见”等，培养他们团结友爱和积极乐观的思想观念等，都会给婴幼儿的一生带来广泛和长远的影响。

◆ 拓展阅读 ◆

成年人的大脑重量是1 400～1 500 g，体积大约为1 300 mL，其中70%是水，30%由脂肪、蛋白质、少量的糖类和盐类组成。新生儿脑重量平均为350 g，6个月时约为700～800 g，1岁时可达950 g，2～3岁时增长到1 200g，约为成人脑重的80%，且各种反射机能也已得到发展。

三、为家庭照护提供照护与指导服务

人的社会化进程始于家庭，儿童监护抚养是父母的法定责任和义务，家庭对婴幼儿照护负主体责任。发展婴幼儿照护服务的重点是为家庭提供科学养育指导，并对确有照护困难的家庭或婴幼儿提供必要的服务。

为家庭提供科学养育服务与指导的重点是帮助父母树立积极的养育观念。0～3岁婴幼儿与家庭不可分离，家庭环境对其发展有至关重要的影响，不同家庭在教育观念、理念及教育方法等方面存在差异。很多家庭缺乏专业知识，忽视了婴幼儿发展的特点。有的父母以为婴幼儿照护就是让孩子吃饱穿暖，也有的片面理解为开发智力、提高智商，就给孩子报各类培训班，去学识字、学英语、学钢琴。积极的养育观念是基于深厚的亲子情感，基于对婴幼儿生长发育潜力的充分认识，在爱和

---

① 肖雅勤.隔代照料对老年人健康状况的影响——基于CHARLS的实证研究[J].社会保障研究，2017(01)：33-39.

尊重的基础上，为婴幼儿创造良好的养育环境，主动地支持和培育婴幼儿身心健康成长。家庭始终是婴幼儿最主要的照料主体和中心场域，父母要培养婴幼儿日常生活能力，也要针对动作、认知、语言、社交、自理等能力进行训练，帮助婴幼儿在身体、情感、智力、人格、精神等多方面协调发展与健康成长。在此过程中，父母也要不断提升自己的教育水平和心理素质，与孩子共同成长。

任务 4 婴幼儿生活照护的原则

案例导入

2021 年 5 月，某市卫健局、教育局联合对该市托幼机构开展了卫生保健大检查，检查的内容有：托幼机构的室外环境、活动室、寝室、卫生间及盥洗室、食堂、保健室、卫生保健人员及管理要求等。

通过检查，发现不合格机构存在的问题主要是：

(1) 托幼机构硬件设施不达标。因房屋条件限制及个别幼儿园领导不够重视，幼儿园户外游戏场地人均面积(人均达 4 m^2)、卫生间及盥洗室设施不达标、没有设立门卫室和保健室。

(2) 个别托幼机构没有配备专(兼)职卫生保健人员，收托寄宿儿童的托幼机构没有配备有执业资格的卫生技术人员。

(3) 十项卫生保健制度形同虚设，没有落到实处。

讨论 该案例反映了托幼机构在婴幼儿生活照护方面存在哪些问题？托幼机构卫生保健工作有哪些基本原则？

提示 托幼机构是实施保育的场所，应当提供健康、安全、丰富的生活和活动环境，建立健康管理、疾病防控和安全防护监控制度，切实做好室内外环境卫生，注意防范和避免伤害，确保婴幼儿的安全和健康。各机构应坚持儿童优先，尊重婴幼儿成长特点和规律，最大限度地保护婴幼儿，切实提高托幼机构工作质量。

任务要求

1. 理解婴幼儿生活照护的原则。
2. 能够遵循原则解决实际问题。
3. 树立正确的职业道德观念。

核心内容

3 岁以下婴幼儿照护服务是生命全周期服务管理的重要内容，事关婴幼儿健康成长，事关千家万户。为促进婴幼儿照护服务发展，2021 年国家卫生健康委人口监测与家庭发展司组织研制了《托育机构保育指导大纲(试行)》，提出了保育工作应当遵循的 4 项原则。

一、尊重儿童

坚持儿童优先，保障儿童权利。尊重婴幼儿成长特点和规律，关注个体差异，促进每个婴幼儿全

面发展。

首先，考虑儿童的利益与需求，保障儿童生存、发展、受保护和参与的权利。儿童应在不受任何歧视的情况下享有他们的一切权利，不受身心的伤害或区别待遇，也不因其民族、语言、宗教、社会出身、伤残等而有任何差别。

其次，尊重并顺应婴幼儿的自然特点，父母和保育师要了解婴幼儿生长发育的客观规律，建立对婴幼儿发展的合理期望。婴幼儿身心生长发育速度较快，各器官和系统很柔弱，需要特殊的保护和照料。婴幼儿认知和学习能力较弱，需要成人适宜教育，因此提倡保教结合。

最后，尊重不同婴幼儿的个性特点，婴幼儿因遗传、环境等各方面因素的影响，形成不同的个性品质，每个婴幼儿的兴趣爱好、行为习惯等也有很大差异，应及时、及早发现每个婴幼儿的性格特点，宽容对待婴幼儿的不足，激励、引导婴幼儿取长补短。给予婴幼儿充分的尊重、理解和信任，强化婴幼儿的行为，激发其探索、发现的兴趣，增强婴幼儿愉快的心理体验，注重行为的正确引导，最终促进婴幼儿的全面发展。

案例分析

隋女士的女儿琪琪（化名）是个有听力障碍的孩子，2 岁时佩戴了人工耳蜗，在康复中心经过一段时间训练后，能够听得见，可以和人正常交流。隋女士在幼儿园给琪琪报了名，报名时如实说明了情况。幼儿园一听，最初不同意接收，经过沟通，终于同意接收孩子入园，但是要求家长签订免责协议书。为了孩子能融入幼儿园的生活，隋女士签字同意了。但是入园后琪琪仍遭遇一系列不一样的待遇。幼儿园把琪琪安排到最后一排，单独一张小桌，其他孩子都是四五个人一桌；午睡时，其他孩子一张床挨着一张床，琪琪却被单独安排在一个地方；幼儿园又要求琪琪晚来早走，午睡后下午两点半就可以回家，不能和其他小朋友一起入园和放学，幼儿园教孩子们跳舞，也不让琪琪参加。

讨论 幼儿园的做法是否违背了尊重儿童原则？

提示 国家教育部门鼓励残疾儿童融入正常班级，这样有助于残疾儿童融入生活、融入社会，但在这方面并没有相关的强制规定。从幼儿园的种种做法来看，是属于歧视，违背了尊重儿童原则。

二、安全健康

安全健康，即最大限度地保护婴幼儿的安全和健康，做好托育机构的安全防护、营养膳食、疾病防控等工作。

照护过程中应将婴幼儿的生命安全和健康放在首位，联合国《儿童权利公约》序言中明确表示，“儿童因身心尚未成熟，在其出生以前和以后均需要特殊的保护和照料，包括法律上的适当保护”。婴幼儿因生理、心理发展的原因，好动、好奇心强，对任何事物都想看、想摸，但本身能力和体力有限，动作的灵活性和协调性也较差，不能预见自己行为的后果，往往诱发危险，意外事故时有发生。这就需要照护人树立“安全第一”的观念，提高警惕，做好日常检查和防范工作，防范意外事故的发生。可以建立常规的事故记录和报告系统来监测婴幼儿是否发生意外伤害。

选择安全的教育方式，配备符合婴幼儿生活、学习需要的设施设备，杜绝安全隐患。例如，卧室的窗户上都要安装锁，不要在窗户前摆放家具。如果婴幼儿卧室在楼上，一定要安上楼梯安全护栏。在卧室门上装安全玻璃，不要让婴儿接触到易碎的东西。另外，还要将安全知识的内容渗透到日常生活的各个方面，例如给婴儿洗澡时，先放冷水，后放热水，再放婴儿，避免烫伤。又如，不要让婴儿单独待在浴池里，做饭时不要让婴儿在成人身边玩耍，在炉灶旁备一块防火毯，把衣物放在远离炉火的地方，等等。

◆ 拓展阅读 ◆

《儿童权利公约》，联合国1989年11月20日通过，是第一部有关保障儿童权利且具有法律约束力的国际性约定，我国于1991年12月成为缔约国之一。公约主要规定：

1. 每个儿童均有固有的生命权，各国应最大限度地确保儿童的存活与发展。

2. 各国应尽其最大努力，确保父母双方对儿童的养育和发展负有共同责任的原则得到确认。父母或视具体情况而定的法定监护人对儿童的养育和发展负有首要责任。各国应采取一切适当措施确保就业父母的子女有权享受他们应得的托育服务和设施。

3. 各国应保障残疾儿童有接受特别照顾的权利。

4. 各国应保障儿童有权享有可达到的最高标准的健康，并享有医疗和康复设施，缔约国应努力确保没有任何儿童被剥夺获得这种保健服务的权利。各国应采取一切有效和适当的措施，废除对儿童健康有害的传统习俗。

5. 各国应保障每个儿童享有足以促进其生理、心理、精神、道德和社会发展的生活水平。

三、积极回应

提供支持性环境，敏感观察婴幼儿，理解其生理和心理需求，并及时给予积极适宜的回应。

首先，家庭或托育机构要提供“支持性环境”，既包括物理环境，也包括人文环境。物理环境指空间、物品、动线、玩教具等，人文环境指父母、保育师与婴幼儿共同创造出来的文化氛围，如感觉、态度等。“支持性环境”意味着应创设丰富且适宜婴幼儿月龄特点的环境，在物理环境方面除确保安全性外，还应注重教育性和创意性，具有变通性和弹性，能够随婴幼儿成长适时调整。在人文环境方面，以婴幼儿为中心，营造充满爱、温暖和鼓励的氛围，让婴幼儿产生安全感和幸福感，同时建立正确行为准则，纠正婴幼儿的不良行为。

其次，要敏感观察婴幼儿，理解其生理和心理需求，并及时给予积极适宜的回应。婴幼儿尤其新生儿不会说话或无法用完整、复杂的句子表达意思，因此要求父母、保育师细心、耐心、密切关注婴幼儿，聆听他们的“语言”，观察他们的非语言信号（声音、表情、动作），观察他们进食和排泄、睡眠、活动、环境温度等情况，以此判断婴幼儿的需求并及时回应，利用语言、表情、动作等向婴幼儿传递积极的信号。

四、科学规范

按照国家和地方相关标准和规范，合理安排婴幼儿的生活和活动，满足婴幼儿生长发育的需要。

目前国家出台的相关政策有《意见》《托育机构设置标准（试行）》《托育机构管理规范（试行）》《托育机构保育指导大纲（试行）》等，对3岁以下婴幼儿保育工作的目标与要求、组织与实施有了明确规定。

托育机构应当坚持科学的质量观，严格按照国家和地方相关标准和规范，在场地设施、人员规模、收托管理等方面遵守法纪法规；在营养与喂养、睡眠、生活与卫生习惯、动作发展、语言发展、认知发展、情感与社会发展等方面不断完善和提高。托育机构应对照标准和规范，制订科学的保育方案，合理安排一日生活和活动，选择与婴幼儿年龄特点、发展规律相适应的教育内容与方式，为婴幼儿提供科学、规范的照护服务，满足婴幼儿生长发育的需要。

模块小结

在本模块中，主要介绍了婴幼儿生活照护的定义、目的及内容、意义和原则。保育师应正确认识婴幼儿生活照护工作，贯彻落实“保育为主、教育为辅、保教结合”的照护理念，树立良好的职业道德，遵守职业规范，热爱保育工作，用爱心和真诚对待每一个婴幼儿。

思考与练习

一、选择题

1. 婴幼儿生活照护通过科学、系统、实用的内容为家庭和托幼机构的婴幼儿早期发展提供指导，在帮助其认识婴幼儿的(　　)发展特点的基础上改进其育儿理念、指导其育儿方法、提高其育儿环境创设能力，最终增强其科学育儿能力。
   A. 生理、心理　　B. 生理　　C. 心理　　D. 身体
2. 在问题解决情境中，照护者可以运用以下 4 项技能来引导和回应婴幼儿：准确判断婴幼儿在面对问题时所能承受的最大压力水平；及时关注婴幼儿的需求和良好行为表现；提供与其需求和行为相匹配的反馈以及(　　)。
   A. 提供尽可能种类丰富的玩具　　B. 为婴幼儿的言行树立榜样
   C. 多看书　　D. 多运动
3. 平等对待每一个婴儿，让他们充分享有安全感、自信心和(　　)。
   A. 爱心　　B. 耐心　　C. 责任心　　D. 自尊心
4. 不属于婴儿教育误区的内容是(　　)。
   A. 把早期教育等同于智力开发　　B. 用成人的标准来要求
   C. 过早进行专业训练　　D. 让婴儿在愉悦中成长
5. (　　)是判断最初教育是否成功的标准。
   A. 婴幼儿在短时间内是否有很大的进步
   B. 是否提供了有助于婴幼儿终身继续学习的动力和基础
   C. 是否使婴幼儿学到了解决问题的能力
   D. 是否使婴幼儿学到了各种技能

二、判断题

1. 古代的西方教育理念就比较先进，反对在教育儿童的过程中使用体罚。(　　)
2. 狭义的婴儿期指的是出生到 1 岁的儿童。(　　)
3. 回应性照护是一种非常重视家庭和托幼工作人员能在日常生活中细致、敏感地观察婴幼儿动作、声音、表情和口头请求等方面的需求后，能及时给予积极恰当的回应的一种照护方式。(　　)
4. 新生儿脑重量平均为 350 g，1 岁时可达 950 g。(　　)
5. 决定婴儿之间个性差异的主要原因是教育的内容。(　　)

三、简答题

1. 婴幼儿生活照护的目的是什么？

2. 在问题解决情境中，保育师可以运用哪几项技能来引导和回应婴幼儿？
3. 联系实际谈谈婴幼儿生活照护的意义。
4. 如何理解“积极的养育观念”？

四、实务训练

1. 假设你是一名新生儿的父亲/母亲，你需要哪些方面的帮助，可以从哪些渠道获得这些帮助？假设你是一名保育师，你可以为新生儿父母提供哪些支持和帮助？可分为两组进行情景模拟，讨论交流后由代表汇报结果。
2. 选择一家托育机构，仔细观察其环境及一日生活和活动安排，拍摄照片或视频，制作成PPT进行交流。

聚焦考证

1. 婴幼儿智力发展的奠基时期是（　　）。【中级育婴师真题】
   A. 0～6岁　　B. 0～5岁　　C. 0～3岁　　D. 0～7岁
2. （　　）是历史上规范儿童权利内容最丰富且最为广泛认可的法律文件。【中级育婴师真题】
   A.《母婴保健法》　　B.《儿童权利公约》
   C.《未成年人保护法》　　D.《中国儿童发展纲要》
3. 通过（　　），可以提高婴儿社会交往的技巧。【中级育婴师真题】
   A. 到别人家做客时不论婴儿有什么不良行为都不要批评他
   B. 家长不用教，婴儿长大就会明白
   C. 婴儿乱翻别人东西时要严厉地呵斥他
   D. 让婴儿学会使用文明礼貌用语
4. 下列不属于婴儿教育原则内容的选项是（　　）。【中级育婴师真题】
   A. 尊重婴儿发展权利的原则　　B. 促进婴儿全面和谐发展的原则
   C. 以情感体验为主体的原则　　D. 养育第一、教育第二的教养原则
5. （　　）岁之前是婴幼儿社会行为和个人情感培养的最佳时期。【1+X母婴护理职业技能等级证书理论模拟题】
   A. 1　　B. 2　　C. 3　　D. 4

模块二

婴幼儿生理发育及测量

模块导读

婴幼儿良好的生理发育为其一生发展奠定良好的基础。在本模块中，将学习婴幼儿生理发育及测量的内容，了解婴幼儿生长发育的特点，包括婴幼儿生长发育的一般规律和生长发育的测量指标。在此基础上学习婴幼儿生长发育及照护，了解婴幼儿生长发育测量实务，并参照相关指标，学习有针对性的照护要点。

学习目标

1. 了解婴幼儿生长发育的一般规律，尊重婴幼儿生长发育的一般规律。
2. 知道婴幼儿生长发育的测量指标，并能够正确测量婴幼儿身高、体重、头围。
3. 了解婴幼儿生长发育的标准，掌握婴幼儿生长发育照护的基本内容。

内容结构

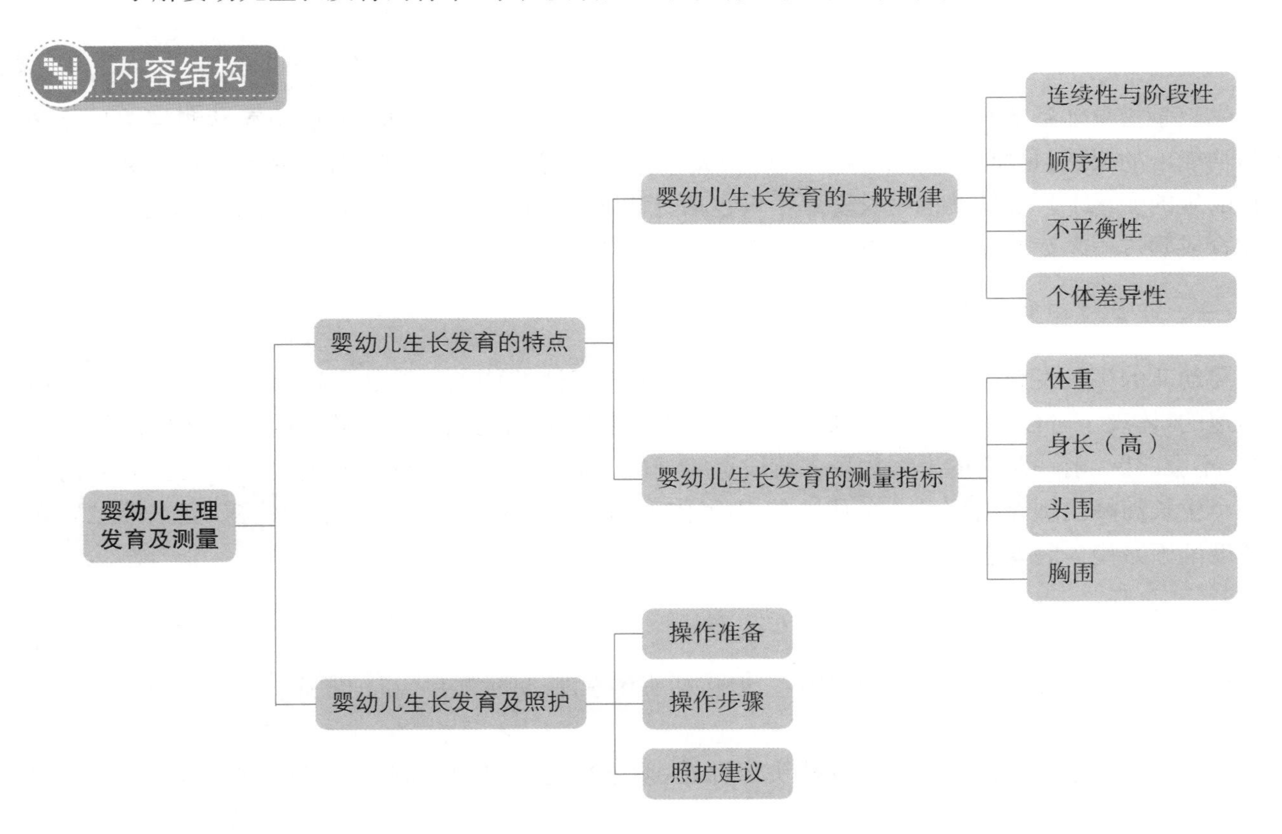

任务1 婴幼儿生长发育的特点

案例导入

在全家人的期盼下，安安出生了！看着婴儿床上小小的安安，全家上下都沉浸在幸福的喜悦中。妈妈想：这小小的宝贝会长成什么样呢？会长多高、多重呢？她的成长会呈现哪些特点呢？小手和小脚哪里先发展呢？虽然每个孩子的成长都有其个体差异性，但是，也有共同的特性。让我们带着安安妈妈的这些疑问，来认识婴幼儿生长发育的特点吧。认识婴幼儿的生长发育特点，有利于照护者对婴幼儿生长发育状况进行正确评价和指导。

任务要求

1. 了解婴幼儿生长发育的基本规律。
2. 知道婴幼儿生长发育的测量指标。

核心内容

一、婴幼儿生长发育的一般规律

生长是指身体各器官、系统的长大和形态变化，是量的改变；发育是指细胞、组织和器官的分化完善与功能上的成熟，是质的改变。两者密切相关，生长是发育的物质基础，而发育成熟状况又反映在生长的量的变化上。婴幼儿的生长发育不仅包括身体随年龄的增长而长大，而且伴随着情感、心理等的发育成熟过程。婴幼儿的生长发育遵循以下 5 个一般规律。

（一）连续性与阶段性

婴幼儿的生长发育是一个连续不断的过程，呈现连续性的特点。但是在这个过程中每个时期不是匀速的，体现了阶段性，一般可以划分为新生儿期、婴儿期、幼儿期等。婴幼儿的生长按照阶段依次进行，不会跳跃，前一阶段的发展为后一阶段奠定基础。而且每个阶段的生长速度不同，比如，婴幼儿第一个生长高峰出现在出生后 3 个月左右，因为体重和身高在前 3 个月增长最为快速，到了第二年生长速度渐渐减慢。到青春期，出现人生第二个生长高峰。

（二）顺序性

婴幼儿的生长发育遵循一定的顺序，一般包括头尾顺序、近远顺序、粗细顺序。

1. 头尾顺序

头尾顺序是指婴幼儿的生长发育从头部开始，躯干次之，最后是四肢。不论是在胎儿期、乳儿期

都是遵循这样的规律。

2. 近远顺序

近远顺序是指婴幼儿的生长发育遵循离心脏近的地方先开始发育，如先是躯干，然后是四肢，肢体近端的生长早于远端的生长。

3. 粗细顺序

婴幼儿生长发育的顺序性还体现在粗细顺序上。粗细顺序是指婴幼儿的动作发展遵循先发展粗大动作后发展精细动作的规律，即胳膊、腿等大肌肉群先于手指等精细动作的发展。

（三）不平衡性

身体的各个系统生长发育的速度、时间不一致，存在不平衡性。最早发育的是神经系统，尤其是大脑最为显著。婴儿的大脑在出生时约重 350 g，相当于成人大脑的 25%。生殖系统发育最晚，在婴幼儿期没有变化，在青春期时才快速生长。淋巴系统的发育速度具有先快后慢的特点，即在出生后快速发展，约 10 岁达到高峰随后逐渐停滞。（图 2－1）

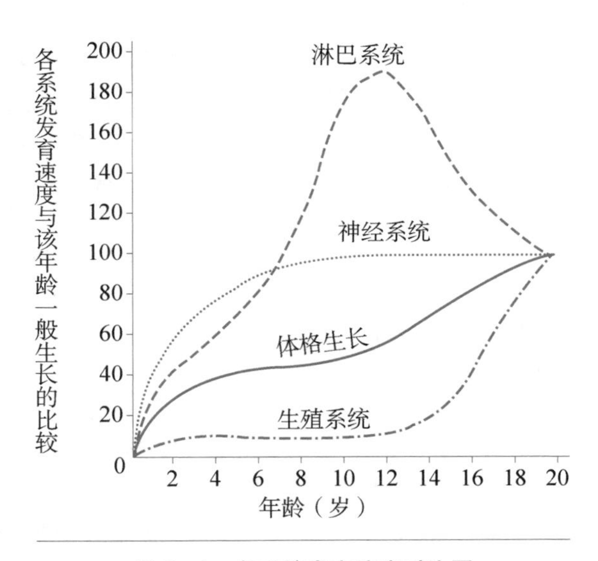

图 2－1　各系统发育速度对比图

（四）个体差异性

婴幼儿的生长发育虽然有以上共性，但由于遗传因素、成长环境、养育模式等不同，可产生个体差异性。不同国家、不同地区、不同性别的婴幼儿的发展情况都会有一定差异。所以，婴幼儿的生长发育虽有相关的正常范围参照表，但仅仅为参照，并不是绝对的。在对婴幼儿生长发育水平进行评估时，必须综合考虑各个方面的影响，才能得出相对准确的判断。

二、婴幼儿生长发育的测量指标

婴幼儿的生长发育可以通过常见的测量指标得到反映，测量指标可分为形态指标、生理指标和其他指标。其中形态指标最为直观，包括体重、身长(高)、头围、胸围等，生理指标包括体温、心率、血压等，其他指标包括语言、运动、心理发展水平等。下面就最常见的形态指标做一介绍。

（一）体重

体重指人体各器官、组织及体液的总重量，是反映婴幼儿体格生长与营养状况的重要指标。

（二）身长(高)

身长指从头顶至足底的垂直长度，表示全身生长的水平和速度。

（三）头围

新生儿平均头围为 34 cm，周岁时 45 cm，2 岁时 47 cm，三四岁两年共长 1.5 cm 左右。

（四）胸围

胸围在出生后第一年共增加 12 cm，第二年增加 3 cm，以后每年增加 1 cm 左右。

任务2 婴幼儿生长发育及照护

案例导入

安安11个月了，妈妈带着她去家附近的妇幼保健院体检。安安一到医院就表现出明显的不安与焦虑，妈妈抱着她轻声地安慰，同时，医生也拿出玩具逗她玩，安安逐渐放松下来。这时，医生对她进行了体重、身高、头围的测量。因为安安平时比较挑食，夜里经常哭闹，妈妈对她的生长情况忧心忡忡。不知道安安是否偏轻，是否会太矮。我们一起来看看安安的体重、身高、头围是否符合标准，要给予什么样的照护。

任务要求

1. 了解婴幼儿生长发育的标准。
2. 掌握测量婴幼儿身高、体重、头围的方法。
3. 掌握婴幼儿生长发育照护的基本内容。

核心内容

一、操作准备

在测量前，需了解婴幼儿的基本情况，包括月（年）龄、性别、喂养方式、出生后的生长发育情况、有无疾病等。

准备好测量的工具和记录本，并对工具进行校准与消毒。创设轻松愉快的氛围，缓解家长与婴幼儿的紧张情绪。

二、操作步骤

（一）体重测量

婴幼儿的体重测量推算公式如下：

1～6个月：体重(kg)＝出生体重(kg)＋月龄×0.7(kg)

7～12个月：体重(kg)＝出生体重(kg)＋6×0.7(kg)＋(月龄－6)×0.4(kg)

2～12岁：体重(kg)＝年龄×2(kg)＋8(kg)

婴幼儿体重标准：《中国7岁以下儿童生长发育参照标准(2009)》(见表2－1、表2－2)。

体重测量

表 2-1　7 岁以下男童体重标准值(kg)

年龄	月龄	-3SD	-2SD	-1SD	中位数	+1SD	+2SD	+3SD
出生	0	2.26	2.58	2.93	3.32	3.73	4.18	4.66
	1	3.09	3.52	3.99	4.51	5.07	5.67	6.33
	2	3.94	4.47	5.05	5.68	6.38	7.14	7.97
	3	4.69	5.29	5.97	6.70	7.51	8.40	9.37
	4	5.25	5.91	6.64	7.45	8.34	9.32	10.39
	5	5.66	6.36	7.14	8.00	8.95	9.99	11.15
	6	5.97	6.70	7.51	8.41	9.41	10.50	11.72
	7	6.24	6.99	7.83	8.76	9.79	10.93	12.20
	8	6.46	7.23	8.09	9.05	10.11	11.29	12.60
	9	6.67	7.46	8.35	9.33	10.42	11.64	12.99
	10	6.86	7.67	8.58	9.58	10.71	11.95	13.34
	11	7.04	7.87	8.80	9.83	10.98	12.26	13.68
1 岁	12	7.21	8.06	9.00	10.05	11.23	12.54	14.00
	15	7.68	8.57	9.57	10.68	11.93	13.32	14.88
	18	8.13	9.07	10.12	11.29	12.61	14.09	15.75
	21	8.61	9.59	10.69	11.93	13.33	14.90	16.66
2 岁	24	9.06	10.09	11.24	12.54	14.01	15.67	17.54
	27	9.47	10.54	11.75	13.11	14.64	16.38	18.36
	30	9.86	10.97	12.22	13.64	15.24	17.06	19.13
	33	10.24	11.39	12.68	14.15	15.82	17.72	19.89
3 岁	36	10.61	11.79	13.13	14.65	16.39	18.37	20.64
	39	10.97	12.19	13.57	15.15	16.95	19.02	21.39
	42	11.31	12.57	14.00	15.63	17.50	19.65	22.13
	45	11.66	12.96	14.44	16.13	18.07	20.32	22.91
4 岁	48	12.01	13.35	14.88	16.64	18.67	21.01	23.73
	51	12.37	13.76	15.35	17.18	19.30	21.76	24.63
	54	12.74	14.18	15.84	17.75	19.98	22.57	25.61
	57	13.12	14.61	16.34	18.35	20.69	23.43	26.68
5 岁	60	13.50	15.06	16.87	18.98	21.46	24.38	27.85
	63	13.86	15.48	17.38	19.60	22.21	25.32	29.04
	66	14.18	15.87	17.85	20.18	22.94	26.24	30.22
	69	14.48	16.24	18.31	20.75	23.66	27.17	31.43
6 岁	72	14.74	16.56	18.71	21.26	24.32	28.03	32.57
	75	15.01	16.90	19.14	21.82	25.06	29.01	33.89
	78	15.30	17.27	19.62	22.45	25.89	30.13	35.41
	81	15.66	17.73	20.22	23.24	26.95	31.56	37.39

表 2-2　7 岁以下女童体重标准值(kg)

年龄	月龄	-3SD	-2SD	-1SD	中位数	+1SD	+2SD	+3SD
出生	0	2.26	2.54	2.85	3.21	3.63	4.10	4.65
	1	2.98	3.33	3.74	4.20	4.74	5.35	6.05
	2	3.72	4.15	4.65	5.21	5.86	6.60	7.46
	3	4.40	4.90	5.47	6.13	6.87	7.73	8.71
	4	4.93	5.48	6.11	6.83	7.65	8.59	9.66
	5	5.33	5.92	6.59	7.36	8.23	9.23	10.38
	6	5.64	6.26	6.96	7.77	8.68	9.73	10.93
	7	5.90	6.55	7.28	8.11	9.06	10.15	11.40
	8	6.13	6.79	7.55	8.41	9.39	10.51	11.80
	9	6.34	7.03	7.81	8.69	9.70	10.86	12.18
	10	6.53	7.23	8.03	8.94	9.98	11.16	12.52
	11	6.71	7.43	8.25	9.18	10.24	11.46	12.85
1 岁	12	6.87	7.61	8.45	9.40	10.48	11.73	13.15
	15	7.34	8.12	9.01	10.02	11.18	12.50	14.02
	18	7.79	8.63	9.57	10.65	11.88	13.29	14.90
	21	8.26	9.15	10.15	11.30	12.61	14.12	15.85
2 岁	24	8.70	9.64	10.70	11.92	13.31	14.92	16.77
	27	9.10	10.09	11.21	12.50	13.97	15.67	17.63
	30	9.48	10.52	11.70	13.05	14.60	16.39	18.47
	33	9.86	10.94	12.18	13.59	15.22	17.11	19.29
3 岁	36	10.23	11.36	12.65	14.13	15.83	17.81	20.10
	39	10.60	11.77	13.11	14.65	16.43	18.50	20.90
	42	10.95	12.16	13.55	15.16	17.01	19.17	21.69
	45	11.29	12.55	14.00	15.67	17.60	19.85	22.49
4 岁	48	11.62	12.93	14.44	16.17	18.19	20.54	23.30
	51	11.96	13.32	14.88	16.69	18.79	21.25	24.14
	54	12.30	13.71	15.33	17.22	19.42	22.00	25.04
	57	12.62	14.08	15.78	17.75	20.05	22.75	25.96
5 岁	60	12.93	14.44	16.20	18.26	20.66	23.50	26.87
	63	13.23	14.80	16.64	18.78	21.30	24.28	27.84
	66	13.54	15.18	17.09	19.33	21.98	25.12	28.89
	69	13.84	15.54	17.53	19.88	22.65	25.96	29.95
6 岁	72	14.11	15.87	17.94	20.37	23.27	26.74	30.94
	75	14.38	16.21	18.35	20.89	23.92	27.57	32.00
	78	14.66	16.55	18.78	21.44	24.61	28.46	33.14
	81	14.96	16.92	19.25	22.03	25.37	29.42	34.40

操作步骤：

① 让婴幼儿躺(或坐)在体重秤上。(测量前脱去婴幼儿的衣物或襁被，留贴身衣物即可，见图 2-2。)

② 进行准确测量。(测量前进行校准与消毒；操作时应注意面带微笑，动作舒缓。)

③ 记录体重信息。(认真核对婴幼儿信息，准确记录。)

④ 测量结束，整理物品。

⑤ 告知家长婴幼儿体重测量情况，并予以照护指导。

图 2-2　体重测量

(二) 身高测量

身高测量

婴幼儿的身高测量推算公式如下：身高(cm) = 年龄×7+70(cm)

婴幼儿身高标准：《中国 7 岁以下儿童生长发育参照标准(2009)》(见表 2-3、表 2-4)。

表 2-3　7 岁以下男童身高(长)标准值(cm)

年龄	月龄	-3SD	-2SD	-1SD	中位数	+1SD	+2SD	+3SD
出生	0	45.2	46.9	48.6	50.4	52.2	54.0	55.8
	1	48.7	50.7	52.7	54.8	56.9	59.0	61.2
	2	52.2	54.3	56.5	58.7	61.0	63.3	65.7
	3	55.3	57.5	59.7	62.0	64.3	66.6	69.0
	4	57.9	60.1	62.3	64.6	66.9	69.3	71.7
	5	59.9	62.1	64.4	66.7	69.1	71.5	73.9
	6	61.4	63.7	66.0	68.4	70.8	73.3	75.8
	7	62.7	65.0	67.4	69.8	72.3	74.8	77.4
	8	63.9	66.3	68.7	71.2	73.7	76.3	78.9
	9	65.2	67.6	70.1	72.6	75.2	77.8	80.5
	10	66.4	68.9	71.4	74.0	76.6	79.3	82.1
	11	67.5	70.1	72.7	75.3	78.0	80.8	83.6
1 岁	12	68.6	71.2	73.8	76.5	79.3	82.1	85.0
	15	71.2	74.0	76.9	79.8	82.8	85.8	88.9
	18	73.6	76.6	79.6	82.7	85.8	89.1	92.4
	21	76.0	79.1	82.3	85.6	89.0	92.4	95.9
2 岁	24	78.3	81.6	85.1	88.5	92.1	95.8	99.5
	27	80.5	83.9	87.5	91.1	94.8	98.6	102.5
	30	82.4	85.9	89.6	93.3	97.1	101.0	105.0
	33	84.4	88.0	91.6	95.4	99.3	103.2	107.2
3 岁	36	86.3	90.0	93.7	97.5	101.4	105.3	109.4
	39	87.5	91.2	94.9	98.8	102.7	106.7	110.7

（续表）

年龄	月龄	-3SD	-2SD	-1SD	中位数	+1SD	+2SD	+3SD
	42	89.3	93.0	96.7	100.6	104.5	108.6	112.7
	45	90.9	94.6	98.5	102.4	106.4	110.4	114.6
4岁	48	92.5	96.3	100.2	104.1	108.2	112.3	116.5
	51	94.0	97.9	101.9	105.9	110.0	114.2	118.5
	54	95.6	99.5	103.6	107.7	111.9	116.2	120.6
	57	97.1	101.1	105.3	109.5	113.8	118.2	122.6
5岁	60	98.7	102.8	107.0	111.3	115.7	120.1	124.7
	63	100.2	104.4	108.7	113.0	117.5	122.0	126.7
	66	101.6	105.9	110.2	114.7	119.2	123.8	128.6
	69	103.0	107.3	111.7	116.3	120.9	125.6	130.4
6岁	72	104.1	108.6	113.1	117.7	122.4	127.2	132.1
	75	105.3	109.8	114.4	119.2	124.0	128.8	133.8
	78	106.5	111.1	115.8	120.7	125.6	130.5	135.6
	81	107.9	112.6	117.4	122.3	127.3	132.4	137.6

注：表中3岁前为身长，3岁及3岁后为身高。

表2-4　7岁以下女童身高（长）标准值（cm）

年龄	月龄	-3SD	-2SD	-1SD	中位数	+1SD	+2SD	+3SD
出生	0	44.7	46.4	48.0	49.7	51.4	53.2	55.0
	1	47.9	49.8	51.7	53.7	55.7	57.8	59.9
	2	51.1	53.2	55.3	57.4	59.6	61.8	64.1
	3	54.2	56.3	58.4	60.6	62.8	65.1	67.5
	4	56.7	58.8	61.0	63.1	65.4	67.7	70.0
	5	58.6	60.8	62.9	65.2	67.4	69.8	72.1
	6	60.1	62.3	64.5	66.8	69.1	71.5	74.0
	7	61.3	63.6	65.9	68.2	70.6	73.1	75.6
	8	62.5	64.8	67.2	69.6	72.1	74.7	77.3
	9	63.7	66.1	68.5	71.0	73.6	76.2	78.9
	10	64.9	67.3	69.8	72.4	75.0	77.7	80.5
	11	66.1	68.6	71.1	73.7	76.4	79.2	82.0
1岁	12	67.2	69.7	72.3	75.0	77.7	80.5	83.4
	15	70.2	72.9	75.6	78.5	81.4	84.3	87.4
	18	72.8	75.6	78.5	81.5	84.6	87.7	91.0
	21	75.1	78.1	81.2	84.4	87.7	91.1	94.5
2岁	24	77.3	80.5	83.8	87.2	90.7	94.3	98.0
	27	79.3	82.7	86.2	89.8	93.5	97.3	101.2

（续表）

年龄	月龄	－3SD	－2SD	－1SD	中位数	＋1SD	＋2SD	＋3SD
	30	81.4	84.8	88.4	92.1	95.9	99.8	103.8
	33	83.4	86.9	90.5	94.3	98.1	102.0	106.1
3岁	36	85.4	88.9	92.5	96.3	100.1	104.1	108.1
	39	86.6	90.1	93.8	97.5	101.4	105.4	109.4
	42	88.4	91.9	95.6	99.4	103.3	107.2	111.3
	45	90.1	93.7	97.4	101.2	105.1	109.2	113.3
4岁	48	91.7	95.4	99.2	103.1	107.0	111.1	115.3
	51	93.2	97.0	100.9	104.9	109.0	113.1	117.4
	54	94.8	98.7	102.7	106.7	110.9	115.2	119.5
	57	96.4	100.3	104.4	108.5	112.8	117.1	121.6
5岁	60	97.8	101.8	106.0	110.2	114.5	118.9	123.4
	63	99.3	103.4	107.6	111.9	116.2	120.7	125.3
	66	100.7	104.9	109.2	113.5	118.0	122.6	127.2
	69	102.0	106.3	110.7	115.2	119.7	124.4	129.1
6岁	72	103.2	107.6	112.0	116.6	121.2	126.0	130.8
	75	104.4	108.8	113.4	118.0	122.7	127.6	132.5
	78	105.5	110.1	114.7	119.4	124.3	129.2	134.2
	81	106.7	111.4	116.1	121.0	125.9	130.9	136.1

注：表中3岁前为身长，3岁及3岁后为身高。

操作步骤：

① 让婴幼儿躺在身高测量器上。（测量前脱去婴幼儿的帽子、外套、鞋子等。）

② 婴幼儿应平躺在量板的中线上，头顶平贴住头板，测量者用一只手轻按住婴幼儿的膝盖，使其下肢伸直紧贴底板，另一只手将婴幼儿的足底垂直于底板。（测量前进行校准与消毒，操作时注意按压动作不宜过重，见图2－3。）

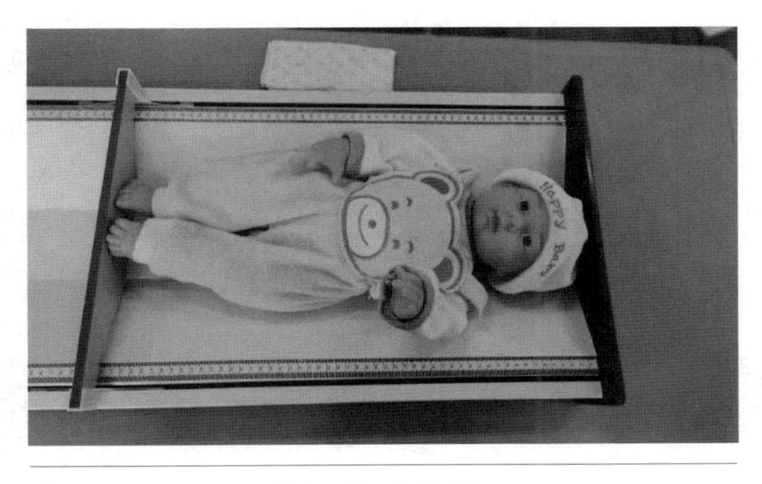

图2－3　身高的测量

③ 记录身高信息，读刻度至 0.1 cm。

④ 测量结束，整理物品。

⑤ 告知家长婴幼儿身高测量情况，并予以照护指导。

3. 头围测量

婴幼儿头围标准：《中国 7 岁以下儿童生长发育参照标准(2009)》(见表 2-5、表 2-6)。

表 2-5　7 岁以下男童头围标准值(cm)

年龄	月龄	-3SD	-2SD	-1SD	中位数	+1SD	+2SD	+3SD
出生	0	30.9	32.1	33.3	34.5	35.7	36.8	37.9
	1	33.3	34.5	35.7	36.9	38.2	39.4	40.7
	2	35.2	36.4	37.6	38.9	40.2	41.5	42.9
	3	36.7	37.9	39.2	40.5	41.8	43.2	44.6
	4	38.0	39.2	40.4	41.7	43.1	44.5	45.9
	5	39.0	40.2	41.5	42.7	44.1	45.5	46.9
	6	39.8	41.0	42.3	43.6	44.9	46.3	47.7
	7	40.4	41.7	42.9	44.2	45.5	46.9	48.4
	8	41.0	42.2	43.5	44.8	46.1	47.5	48.9
	9	41.5	42.7	44.0	45.3	46.6	48.0	49.4
	10	41.9	43.1	44.4	45.7	47.0	48.4	49.8
	11	42.3	43.5	44.8	46.1	47.4	48.8	50.2
1 岁	12	42.6	43.8	45.1	46.4	47.7	49.1	50.5
	15	43.2	44.5	45.7	47.0	48.4	49.7	51.1
	18	43.7	45.0	46.3	47.6	48.9	50.2	51.6
	21	44.2	45.5	46.7	48.0	49.4	50.7	52.1
2 岁	24	44.6	45.9	47.1	48.4	49.8	51.1	52.5
	27	45.0	46.2	47.5	48.8	50.1	51.4	52.8
	30	45.3	46.5	47.8	49.1	50.4	51.7	53.1
	33	45.5	46.8	48.0	49.3	50.6	52.0	53.3
3 岁	36	45.7	47.0	48.3	49.6	50.9	52.2	53.5
	42	46.2	47.4	48.7	49.9	51.3	52.6	53.9
4 岁	48	46.5	47.8	49.0	50.3	51.6	52.9	54.2
	54	46.9	48.1	49.4	50.6	51.9	53.2	54.6
5 岁	60	47.2	48.4	49.7	51.0	52.2	53.6	54.9
	66	47.5	48.7	50.0	51.3	52.5	53.8	55.2
6 岁	72	47.8	49.0	50.2	51.5	52.8	54.1	55.4

表 2-6　7 岁以下女童头围标准值(cm)

年龄	月龄	-3SD	-2SD	-1SD	中位数	+1SD	+2SD	+3SD
出生	0	30.4	31.6	32.8	34.0	35.2	36.4	37.5
	1	32.6	33.8	35.0	36.2	37.4	38.6	39.9

（续表）

年龄	月龄	－3SD	－2SD	－1SD	中位数	＋1SD	＋2SD	＋3SD
	2	34.5	35.6	36.8	38.0	39.3	40.5	41.8
	3	36.0	37.1	38.3	39.5	40.8	42.1	43.4
	4	37.2	38.3	39.5	40.7	41.9	43.3	44.6
	5	38.1	39.2	40.4	41.6	42.9	44.3	45.7
	6	38.9	40.0	41.2	42.4	43.7	45.1	46.5
	7	39.5	40.7	41.8	43.1	44.4	45.7	47.2
	8	40.1	41.2	42.4	43.6	44.9	46.3	47.7
	9	40.5	41.7	42.9	44.1	45.4	46.8	48.2
	10	40.9	42.1	43.3	44.5	45.8	47.2	48.6
	11	41.3	42.4	43.6	44.9	46.2	47.5	49.0
1岁	12	41.5	42.7	43.9	45.1	46.5	47.8	49.3
	15	42.2	43.4	44.6	45.8	47.2	48.5	50.0
	18	42.8	43.9	45.1	46.4	47.7	49.1	50.5
	21	43.2	44.4	45.6	46.9	48.2	49.6	51.0
2岁	24	43.6	44.8	46.0	47.3	48.6	50.0	51.4
	27	44.0	45.2	46.4	47.7	49.0	50.3	51.7
	30	44.3	45.5	46.7	48.0	49.3	50.7	52.1
	33	44.6	45.8	47.0	48.3	49.6	50.9	52.3
3岁	36	44.8	46.0	47.3	48.5	49.8	51.2	52.6
	42	45.3	46.5	47.7	49.0	50.3	51.6	53.0
4岁	48	45.7	46.9	48.1	49.4	50.6	52.0	53.3
	54	46.0	47.2	48.4	49.7	51.0	52.3	53.7
5岁	60	46.3	47.5	48.7	50.0	51.3	52.6	53.9
	66	46.6	47.8	49.0	50.3	51.5	52.8	54.2
6岁	72	46.8	48.0	49.2	50.5	51.8	53.1	54.4

操作步骤：

① 让婴幼儿躺（坐）好。（测量前脱去婴幼儿的帽子。）

② 将软尺0点固定在婴幼儿头部一侧眉弓上缘，将软尺贴头皮绕头一周至另一侧眉弓上缘。（测量时注意轻柔地固定住婴幼儿头部，见图2－4。）

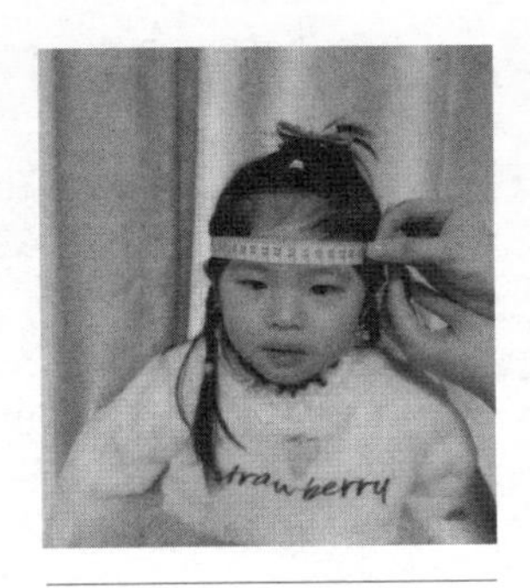

图2－4　测量头围

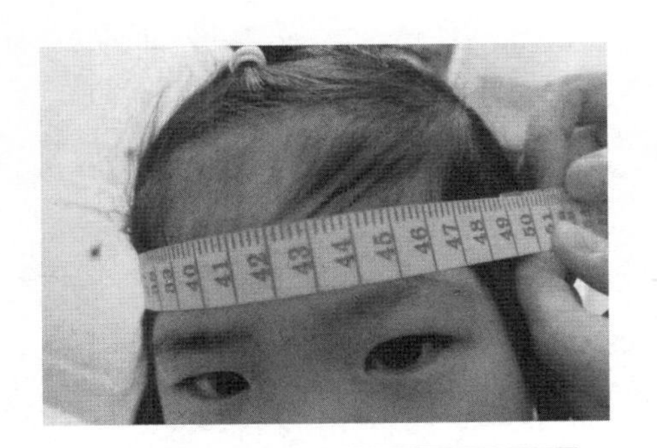

图2－5　读取刻度

③ 记录头围信息，读刻度至 0.1 cm(图 2－5)。
④ 测量结束，整理物品。
⑤ 告知家长婴幼儿头围测量情况，并予以照护指导。

头围测量

三、照护建议

测量评估需在参照生长发育标准的同时，根据婴幼儿的出生体重、父母身体情况进行评估。如果出现偏高或偏低现象，要了解其喂养方式、饮食内容、生活规律、是否生病等情况，给予正确的照护指导。

（一）体重

超重：排除遗传、疾病等因素，一般原因为婴幼儿营养摄入过多、活动太少。建议控制婴幼儿高热量食物的摄入，并增加婴幼儿运动量。

偏轻：排除遗传、疾病等因素，一般原因为婴幼儿营养摄入不均衡、睡眠不足或质量不好。建议科学喂养，养成良好的进食习惯，重视蛋白质的摄入，加强身体锻炼，保证充足的睡眠。

（二）身高

超高：一般情况下如果身高与体重比例符合标准(见表 2－7、表 2－8、表 2－9、表 2－10)，在排除其他病理因素的情况下，不予干预。(如果同时出现偏轻或偏重的情况，参考体重干预建议。)

矮小：儿童身材矮小的原因比较复杂，如遗传、遗传疾病、早产儿、生长激素缺乏症、甲状腺功能减退症等等。建议家长进行系统检查，及早找出原因进行干预。

表 2－7　46～110 cm 身长的体重标准值(男)

身长(cm)	体重(kg)						
	－3SD	－2SD	－1SD	中位数	＋1SD	＋2SD	＋3SD
46	1.80	1.99	2.19	2.41	2.65	2.91	3.18
48	2.11	2.34	2.58	2.84	3.12	3.42	3.74
50	2.43	2.68	2.95	3.25	3.57	3.91	4.29
52	2.78	3.06	3.37	3.71	4.07	4.47	4.90
54	3.19	3.51	3.87	4.25	4.67	5.12	5.62
56	3.65	4.02	4.41	4.85	5.32	5.84	6.41
58	4.13	4.53	4.97	5.46	5.99	6.57	7.21
60	4.61	5.05	5.53	6.06	6.65	7.30	8.01
62	5.09	5.56	6.08	6.66	7.30	8.00	8.78
64	5.54	6.05	6.60	7.22	7.91	8.67	9.51
66	5.97	6.50	7.09	7.74	8.47	9.28	10.19
68	6.38	6.93	7.55	8.23	9.00	9.85	10.81
70	6.76	7.34	7.98	8.69	9.49	10.38	11.39
72	7.12	7.72	8.38	9.12	9.94	10.88	11.93
74	7.47	8.08	8.76	9.52	10.38	11.34	12.44
76	7.81	8.43	9.13	9.91	10.80	11.80	12.93
78	8.14	8.78	9.50	10.31	11.22	12.25	13.42
80	8.49	9.15	9.88	10.71	11.64	12.70	13.92

（续表）

身长(cm)	体重(kg)						
	-3SD	-2SD	-1SD	中位数	+1SD	+2SD	+3SD
82	8.85	9.52	10.27	11.12	12.08	13.17	14.42
84	9.21	9.90	10.66	11.53	12.52	13.64	14.94
86	9.58	10.28	11.07	11.96	12.97	14.13	15.46
88	9.96	10.68	11.48	12.39	13.43	14.62	16.00
90	10.34	11.08	11.90	12.83	13.90	15.12	16.54
92	10.74	11.48	12.33	13.28	14.37	15.63	17.10
94	11.14	11.90	12.77	13.75	14.87	16.16	17.68
96	11.56	12.34	13.22	14.23	15.38	16.72	18.29
98	11.99	12.79	13.70	14.74	15.93	17.32	18.95
100	12.44	13.26	14.20	15.27	16.51	17.96	19.67
102	12.89	13.75	14.72	15.83	17.12	18.64	20.45
104	13.35	14.24	15.25	16.41	17.77	19.37	21.29
106	13.82	14.74	15.79	17.01	18.45	20.15	22.21
108	14.27	15.24	16.34	17.63	19.15	20.97	23.19
110	14.74	15.74	16.91	18.27	19.89	21.85	24.27

表 2-8　80～140 cm 身高的体重标准值(男)

身长(cm)	体重(kg)						
	-3SD	-2SD	-1SD	中位数	+1SD	+2SD	+3SD
80	8.61	9.27	10.02	10.85	11.79	12.87	14.09
82	8.97	9.65	10.41	11.26	12.23	13.34	14.60
84	9.34	10.03	10.81	11.68	12.68	13.81	15.12
86	9.71	10.42	11.21	12.11	13.13	14.30	15.65
88	10.09	10.81	11.63	12.54	13.59	14.79	16.19
90	10.48	11.22	12.05	12.99	14.06	15.30	16.73
92	10.88	11.63	12.48	13.44	14.54	15.82	17.30
94	11.29	12.05	12.92	13.91	15.05	16.36	17.89
96	11.71	12.50	13.39	14.40	15.57	16.93	18.51
98	12.15	12.95	13.87	14.92	16.13	17.54	19.19
100	12.60	13.43	14.38	15.46	16.72	18.19	19.93
102	13.05	13.92	14.90	16.03	17.35	18.89	20.74
104	13.52	14.41	15.44	16.62	18.00	19.64	21.61
106	13.98	14.91	15.98	17.23	18.69	20.43	22.54
108	14.44	15.41	16.54	17.85	19.41	21.27	23.56
110	14.90	15.92	17.11	18.50	20.16	22.18	24.67
112	15.37	16.45	17.70	19.19	20.97	23.15	25.90
114	15.85	16.99	18.32	19.90	21.83	24.21	27.25

（续表）

身长(cm)	体重(kg)						
	-3SD	-2SD	-1SD	中位数	+1SD	+2SD	+3SD
116	16.33	17.54	18.95	20.66	22.74	25.36	28.76
118	16.83	18.10	19.62	21.45	23.72	26.62	30.45
120	17.34	18.69	20.31	22.30	24.78	27.99	32.34
122	17.87	19.31	21.05	23.19	25.91	29.50	34.48
124	18.41	19.95	21.81	24.14	27.14	31.15	36.87
126	18.97	20.61	22.62	25.15	28.45	32.96	39.56
128	19.56	21.31	23.47	26.22	29.85	34.92	42.55
130	20.18	22.05	24.37	27.35	31.34	37.01	45.80
132	20.84	22.83	25.32	28.55	32.91	39.21	49.23
134	21.53	23.65	26.32	29.80	34.55	41.48	52.72
136	22.25	24.51	27.36	31.09	36.23	43.78	56.20
138	23.00	25.40	28.44	32.44	37.95	46.11	59.62
140	23.79	26.33	29.57	33.82	39.71	48.46	62.96

表 2-9　45～110 cm 身长的体重标准值(女)

身长(cm)	体重(kg)						
	-3SD	-2SD	-1SD	中位数	+1SD	+2SD	+3SD
46	1.89	2.07	2.28	2.52	2.79	3.09	3.43
48	2.18	2.39	2.63	2.90	3.20	3.54	3.93
50	2.48	2.72	2.99	3.29	3.63	4.01	4.44
52	2.84	3.11	3.41	3.75	4.13	4.56	5.05
54	3.26	3.56	3.89	4.27	4.70	5.18	5.73
56	3.69	4.02	4.39	4.81	5.29	5.82	6.43
58	4.14	4.50	4.91	5.37	5.88	6.47	7.13
60	4.59	4.99	5.43	5.93	6.49	7.13	7.85
62	5.05	5.48	5.95	6.49	7.09	7.77	8.54
64	5.48	5.94	6.44	7.01	7.65	8.38	9.21
66	5.89	6.37	6.91	7.51	8.18	8.95	9.82
68	6.28	6.78	7.34	7.97	8.68	9.49	10.40
70	6.64	7.16	7.75	8.41	9.15	9.99	10.95
72	6.98	7.52	8.13	8.82	9.59	10.46	11.46
74	7.30	7.87	8.49	9.20	10.00	10.91	11.95
76	7.62	8.20	8.85	9.58	10.40	11.34	12.41
78	7.93	8.53	9.20	9.95	10.80	11.77	12.88
80	8.26	8.88	9.57	10.34	11.22	12.22	13.37
82	8.60	9.23	9.94	10.74	11.65	12.69	13.87
84	8.95	9.60	10.33	11.16	12.10	13.16	14.39

（续表）

身长(cm)	体重(kg)						
	-3SD	-2SD	-1SD	中位数	+1SD	+2SD	+3SD
86	9.30	9.98	10.73	11.58	12.55	13.66	14.93
88	9.67	10.37	11.15	12.03	13.03	14.18	15.50
90	10.06	10.78	11.58	12.50	13.54	14.73	16.11
92	10.46	11.20	12.04	12.98	14.06	15.31	16.75
94	10.88	11.64	12.51	13.49	14.62	15.91	17.41
96	11.30	12.10	12.99	14.02	15.19	16.54	18.11
98	11.73	12.55	13.49	14.55	15.77	17.19	18.84
100	12.16	13.01	13.98	15.09	16.37	17.86	19.61
102	12.58	13.47	14.48	15.64	16.98	18.55	20.39
104	13.00	13.93	14.98	16.20	17.61	19.26	21.22
106	13.43	14.39	15.49	16.77	18.25	20.00	22.09
108	13.86	14.86	16.02	17.36	18.92	20.78	23.02
110	14.29	15.34	16.55	17.96	19.62	21.60	24.00

表 2-10　80～140 cm 身高的体重标准值(女)

身长(cm)	体重(kg)						
	-3SD	-2SD	-1SD	中位数	+1SD	+2SD	+3SD
80	8.38	9.00	9.70	10.48	11.37	12.38	13.54
82	8.72	9.36	10.08	10.89	11.81	12.85	14.05
84	9.07	9.73	10.47	11.31	12.25	13.34	14.58
86	9.43	10.11	10.87	11.74	12.72	13.84	15.13
88	9.80	10.51	11.30	12.19	13.20	14.37	15.71
90	10.20	10.92	11.74	12.66	13.72	14.93	16.33
92	10.60	11.36	12.20	13.16	14.26	15.51	16.98
94	11.02	11.80	12.68	13.67	14.81	16.13	17.66
96	11.45	12.26	13.17	14.20	15.39	16.76	18.37
98	11.88	12.71	13.66	14.74	15.98	17.42	19.11
100	12.31	13.17	14.16	15.28	16.58	18.10	19.88
102	12.73	13.63	14.66	15.83	17.20	18.79	20.68
104	13.15	14.09	15.16	16.39	17.83	19.51	21.52
106	13.58	14.56	15.68	16.97	18.48	20.27	22.41
108	14.01	15.03	16.20	17.56	19.16	21.06	23.36
110	14.45	15.51	16.74	18.18	19.87	21.90	24.37
112	14.90	16.01	17.31	18.82	20.62	22.79	25.45
114	15.36	16.53	17.89	19.50	21.41	23.74	26.63
116	15.84	17.07	18.50	20.20	22.25	24.76	27.91
118	16.33	17.62	19.13	20.94	23.13	25.84	29.29

（续表）

身长(cm)	体重(kg)						
	－3SD	－2SD	－1SD	中位数	＋1SD	＋2SD	＋3SD
120	16.85	18.20	19.79	21.71	24.05	26.99	30.78
122	17.39	18.80	20.49	22.52	25.03	28.21	32.39
124	17.94	19.43	21.20	23.36	26.06	29.52	34.14
126	18.51	20.07	21.94	24.24	27.13	30.90	36.04
128	19.09	20.72	22.70	25.15	28.26	32.39	38.12
130	19.69	21.40	23.49	26.10	29.47	33.99	40.43
132	20.31	22.11	24.33	27.11	30.75	35.72	42.99
134	20.96	22.86	25.21	28.19	32.12	37.60	45.81
136	21.65	23.65	26.14	29.33	33.59	39.61	48.88
138	22.38	24.50	27.14	30.55	35.14	41.74	52.13
140	23.15	25.39	28.19	31.83	36.77	43.93	55.44

（三）头围

过大：如果婴幼儿的头围明显超出正常范围，可能患脑积水、巨脑症及软骨营养不良等疾病，建议家长及早就医治疗。

过小：婴幼儿头围过小，有可能是大脑发育不全，也是小头畸形的表现，建议及早就医。

模块小结

在本模块中，主要介绍了婴幼儿生长发育的一般规律及照护的基本内容，了解幼儿生长发育的标准和测量指标，通过实践掌握测量婴幼儿身高、体重、头围、胸围等的方法、步骤，学习有针对性地照护要点。

思考与练习

一、选择题

1. 婴幼儿生长发育的基本规律有（　　）。（多选题）
   A. 连续性与阶段性　B. 顺序性　C. 不平衡性　D. 个体差异性
2. 婴幼儿的生长发育遵循一定的顺序，一般包括（　　）。（多选题）
   A. 头尾顺序　B. 近远顺序　C. 大小顺序　D. 粗细顺序
3. 母亲带1岁的男孩来体检，经检查该男孩发育正常，请问男孩的身高约为多少？（　　）（单选题）
   A. 49 cm　B. 55 cm　C. 76 cm　D. 90 cm
4. 婴幼儿身高可按下列哪个公式进行估算？（　　）（单选题）
   A. 身长(cm)＝(年龄－2)×7＋70　B. 身高(cm)＝(年龄－2)×7＋75
   C. 身高(cm)＝年龄×7＋75　D. 身高(cm)＝年龄×7＋70
5. 1周岁小儿头围经测量为34 cm，应考虑以下哪种疾病？（　　）（单选题）

A. 脑膜炎　　B. 脑积水　　C. 大脑发育不全　　D. 佝偻病

二、判断题

1. 婴幼儿的生长发育特点是从以心脏为起点的远处到近处。（　）
2. 婴幼儿的生长发育存在个体差异性是不正常的情况。（　）
3. 头围和胸围相等的年龄是 1 岁。（　）
4. 生理性体重下降常发生在 7～10 天内。（　）
5. 最能反映小儿体格生长，尤其是营养情况的重要指标是头围。（　）

三、简答题

1. 简要谈谈婴幼儿生长发育的顺序性体现在哪几个方面？
2. 为婴幼儿测量身体指标时应做哪些准备工作？
3. 说明婴幼儿身高测量的操作步骤。
4. 说明婴幼儿头围测量的操作步骤。
5. 婴幼儿体重超重及偏轻的照护建议分别是什么？

四、实务训练

1. 测量婴幼儿的身高。
2. 测量婴幼儿的体重。
3. 测量婴幼儿的头围。

聚焦考证

1. 下列对婴儿发展的主要特点描述不正确的选项是（　）。【育婴员考试】
   A. 年龄越小，生长速度越快
   B. 婴儿生长发育有一定的顺序和方向，不会越级发展
   C. 婴儿时期要完成从自然人到社会人的转变
   D. 随年龄增长，生长速度加快
2. 婴幼儿生长发育的体格检查按（　）定期进行。【1＋X 母婴护理职业技能等级证书理论模拟考试卷】
   A. 周龄　　B. 月龄　　C. 年龄　　D. 日龄
3. 头围的大小间接地反映了颅骨及脑的发育。婴幼儿 2 岁前头围增加迅速，新生儿头围平均（　）。【1＋X 母婴护理职业技能等级证书理论模拟考试卷】
   A. 30 cm　　B. 32 cm　　C. 34 cm　　D. 36 cm
4. 测量沿着眉间与后脑勺最突出处，围绕头部一周的长度的方法是在测量（　）。【高级育婴师基础试卷】
   A. 胸围　　B. 身高　　C. 头围　　D. 臀围
5. 测卧式身长时让婴儿（　），双眼直视正上方，头、双足跟紧贴测量板，双膝由测量人员压平。【高级育婴师基础试卷】
   A. 仰卧　　B. 俯卧　　C. 站立　　D. 跪伏
6. 每次测量体重要连续测三次，用两个相近的数字的平均数作为记录数字，体重数字记录到小数点后

(　　)。【高级育婴师基础试卷】

A. 三位　　B. 四位　　C. 两位　　D. 一位

7. 婴儿动作的发展不仅有年龄特点的规律,其顺序还遵从(　　)规律。【高级育婴师基础试卷】

A. 最初是局部的、准确的、专门化的,后逐渐分化为全身性的、笼统的、散漫的

B. 最初是全身性的、笼统的、散漫的,后逐渐分化为局部的、准确的、专门化的

C. 最初是局部的、笼统的、散漫的,后逐渐分化为全身性的、准确的、专门化的

D. 最初是局部的,发生在下肢,后逐渐分化为全身性的、准确的、专门化的

模块三
婴幼儿日常生活照护实务

模块导读

《意见》中提到要认真贯彻保育为主、保教结合的工作方针，为婴幼儿创造良好的生活环境。对3岁以下婴幼儿，首先要提供良好的“保”，这里的“保”主要指的是生活方面的照料，其中包含婴幼儿的喂养、穿脱与清洁、睡眠、排泄与如厕等。为了让婴幼儿健康成长，保育师首先要掌握相应的生活照料技能。此外，生活照料不是“包办”，要认真贯彻保教结合的工作方针，使婴幼儿在生活中学习，在生活中养成良好的习惯。因此，在模块三的学习中不仅要掌握婴幼儿饮食、穿脱与清洁、睡眠、排泄与如厕等日常生活照护技能，而且要做到保教结合。

学习目标

1. 对婴幼儿有仁爱之心，对照护工作有耐心，可为婴幼儿提供科学、规范的照护。
2. 了解各年龄段婴幼儿饮食、穿脱与清洁、睡眠、排泄与如厕等的特点。
3. 掌握喂养、穿脱与清洁、睡眠、排泄与如厕照护技能。
4. 在照护婴幼儿的过程中重视回应，做到保教结合。

内容结构

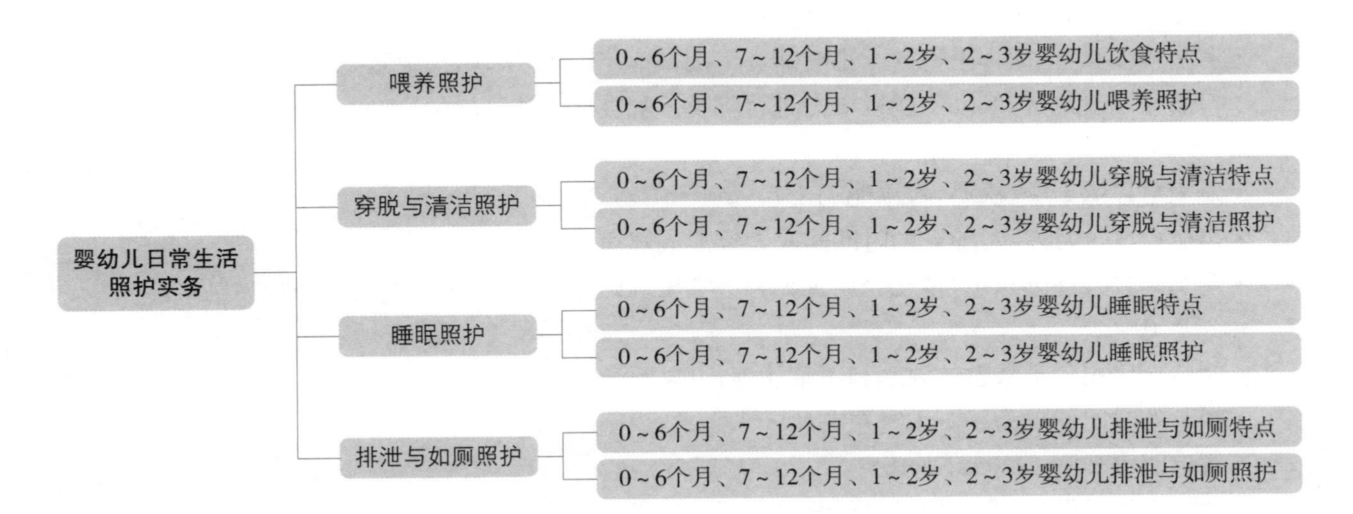

任务 1 喂养照护

案例导入

蹦蹦 1 岁 9 个月了，老师发现最近蹦蹦总是边吃边玩，不认真吃饭。因此，吃到最后总是会剩很多，老师多次提醒，但效果并不明显，该怎样解决这一问题呢？

这是在保育园里时常出现的问题，可以通过调整就餐环境、调整座椅、开展丰富的活动来唤起婴儿饥饿感、控制进餐时间等方法解决这一问题。具体的方法都有哪些呢？对于其他年龄段幼儿的喂养问题，应该怎样解决？通过任务 1 的学习，将从理解婴幼儿喂养特点着手，学习解决婴幼儿喂养中出现的各种问题。

任务要求

1. 理解各年龄段婴幼儿的饮食特点。
2. 可以根据婴幼儿各年龄段的需求进行正确的喂养。

核心内容

一、0～6 个月婴儿的饮食特点与喂养

（一）0～6 个月婴儿的饮食特点

1. 1～2 个月

- 吃饱后，会用舌头将奶嘴顶出来，或将头扭向一旁。
- 有个体差异，但大体上每 3 个小时哺乳 1 次，每天 7～10 次（每次大致 120～150 mL）。
- 口唇紧贴着奶嘴，蠕动下颚以压力进行吮吸。吮吸能力逐渐增强。

2. 3～5 个月

- 每天可以喝 5～6 次奶，每次能喝 160～200 mL。
- 出生后 3 个月左右，哺乳的时间间隔大致形成规律。
- 吃奶的方式逐渐稳定，婴儿会用舌头和下颚压吮奶嘴，通过舌头的前后运动吮吸奶水。

3. 6 个月

- 能喝一些用勺子喂食的温水和蔬菜汁等，可以逐渐给婴儿添加辅食。
- 哺乳的时间间隔为 4 个小时左右。
- 每次能喝 200～220 mL 的奶。
- 唾液腺逐渐发达，婴儿的口水逐渐增多；开始长牙，牙龈已经发育得越来越强健。

（二）0～6个月婴儿的喂养

对于6个月以下的婴儿，提供纯母乳喂养或奶粉喂养，无特殊情况，不添加水。婴儿的胃容量有限，如盲目加水，容易导致营养摄入不够。喂奶时，以按需喂养为主，后期逐渐固定喂奶时间，每3～4小时1次。喂奶时随时注意将宝宝抱在怀里，一对一地进行喂食，为婴儿营造一个安心舒适的喂养环境。

1. 母乳喂养

对于母乳喂养中的婴幼儿，托育园应做好家园共育的充分准备。根据需求，设置母乳室，准备母乳储存用的冰箱等。对于母乳喂养的婴儿来说，母亲亲喂，不仅在于母乳的新鲜度、温度上有保障，对母子亲密关系的建立也有帮助。哺乳室（图3-1）的面积不宜过大，灯光可采用暖光，并准备舒适的单人沙发。根据需求提供哺乳枕、纸巾等所需用品。哺乳室的装饰不宜过多，以免打扰婴儿专注吃奶。

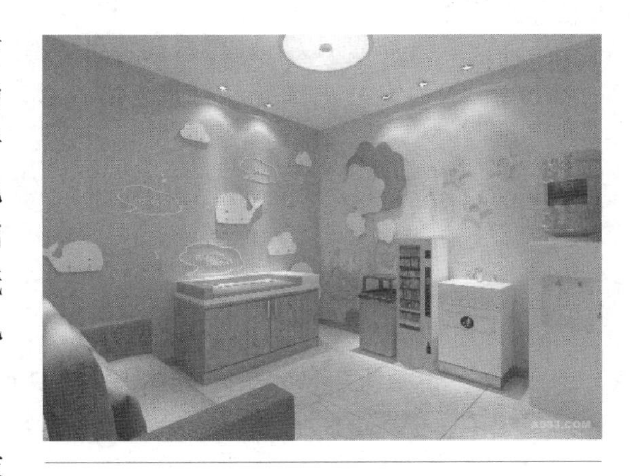
图3-1　哺乳室

2. 母乳寄喂

如母亲因上班等其他原因无法实现亲喂时，也要鼓励母亲坚持母乳喂养。研究表明，母乳是婴儿纯天然营养饮品，在营养方面显著优于配方奶粉。母亲在上班、出差等情况下，可尽量将母乳挤出，放进无菌袋或消毒好的瓶子里，写好日期，迅速冷冻保存。挤奶时间间隔为3小时一次为宜，双侧乳房挤奶时间为30分钟左右，尽量排空乳房，以助于后期泌乳。

3. 人工喂养

（1）奶粉的冲调

图3-2　奶嘴洞的形状

奶粉冲调

准备好奶瓶，并进行消毒，然后冲泡奶粉。奶瓶要做好记号送到托育园，保育师要根据不同月龄段与家长沟通适合婴儿的奶嘴（图3-2）。在消毒过程中，可使用沸水消毒法或蒸汽消毒法。沸水消毒法：在100℃的水里煮5分钟，用夹子夹出，倒放沥水。蒸汽消毒法：使用市面上常用的奶瓶消毒器，把洗干净的奶瓶拆下奶嘴放入奶瓶消毒器中，消毒器将进行自动烘干。最后，按照奶粉说明书冲泡奶粉。冲调好的奶温度控制在37～40℃，滴一滴在自己的手腕内侧或手背上，确认温度是否合适（具体操作请参照视频“奶粉冲调”）。

（2）母乳的加热方法

对于预存的母乳，托育园要冷冻保存。需要喂食时，将冷冻的母乳自然解冻（夏天请勿自然解冻，而是用流水解冻）后装进奶瓶中，然后把奶瓶放入盛满热水的盆中，将母乳温热到合适的温度。奶瓶的准备及消毒方法可参考“奶粉冲调”中的步骤（参见视频“母乳加热”）。

母乳加热

4. 营造舒适的喂奶环境

为了让婴儿能够安心吃奶，在喂奶前最好先给婴儿换上新的尿不湿，并调整好抱婴儿的姿势，使其平静下来。保育师或母亲可坐在沙发或椅子上，垫上坐垫和靠背等，将身体调整为最舒适的喂奶姿势。让柔和的阳光洒进屋内，营造一种温馨和谐的室内环境。喂奶时，可以看着婴儿的脸，轻声与他互动交流。喂奶时，尽量温柔地与婴儿对话，如“哎呀，宝宝肚子饿了呢”“好好吃呀”等。

5. 喂奶后的呵护

喂奶及喂奶后的呵护

喂奶后要进行拍嗝，为婴儿拍出吸进胃里的空气。为了防止宝宝睡着后呕吐和窒息，喂完奶后，要竖着抱起婴儿，轻轻地拍打背部，帮助婴儿排出喝奶时吸进体内的空气。这时婴儿可能会吐奶，所以最好在自己肩膀上垫一条小毛巾，以防婴儿吐出的奶和口水弄脏衣服。

◆ 拓展阅读 ◆

宝宝不愿吃奶时的应对方法

1. 试着变换抱宝宝的姿势。有时可能因为抱的姿势不对，导致宝宝不愿喝奶。这时，可以尝试调整宝宝的头的位置等，找到让宝宝最舒服的姿势。

2. 确认宝宝的身体是否有恙。当宝宝出现烦躁不安、无故吐奶等异常情况时，可能是身体不舒服。保育师可确认宝宝是否有感冒、着凉或发烧等症状。

3. 确认宝宝在家里的喝奶方式。要与家长沟通宝宝在家中的喝奶方式。如果宝宝在家中是母乳喂养，完全不喝奶瓶，这很可能成为宝宝入托后讨厌和排斥奶嘴的原因。

二、7～12个月婴儿的饮食特点与喂养

（一）7～12个月婴儿的饮食特点

1. 7～8个月

· 每天喝奶4～5次，每次200 mL左右。

· 出生后6～7个月，开始长出下排门牙，辅食每天吃2次。

· 开始进食辅食后，喝奶的量减少。

· 会用舌头去捣碎柔软的食物，会一边蠕动着小嘴一边进食。

· 习惯吃辅食后，对食物越来越有兴趣。

2. 9～11个月

· 会用牙龈咬食香蕉硬度的食物。

· 喜欢用手抓着食物吃，喜欢自己吃饭。

· 对勺子很感兴趣。

· 上排门牙开始发育，会上下开合嘴巴吞咽食物。

· 喝奶越来越少，辅食成为主要的营养源。

· 辅食每天吃3次。

3. 1岁

· 这一时期开始脱离辅食，能用牙齿和牙龈咬食肉丸硬度的食物。

· 已经能从勺柄的上方握住勺子，但主要还是依靠手抓食物吃饭。

· 会将不喜欢的食物从嘴里吐出来，开始有了好恶。

（二）7～12个月婴儿的喂养

随着婴儿的生长发育，只提供乳类喂养已经满足不了婴儿的营养需求。婴儿需要从液体食物逐渐向固体食物转换，因此，我们要为婴幼儿提供能满足其营养需求的辅食（表3-1）。在辅食添加过程中要注意的是：辅食不需要添加任何调味剂，调味剂将给婴儿的健康带来不利影响。

1. 添加辅食的时间

观察和掌握婴儿身心的发育情况，可以从以下5点判断是否应该给婴儿添加辅食：①婴儿的身体状况是否良好；②喂奶的间隔时间是否形成规律；③反吐的现象是否逐渐消失；④月龄是否足够（6个月左右）；⑤是否开始表现出对食物的兴趣。最开始添加辅食时，可以在喂奶前用勺子给婴儿喂一点蔬菜汤，最初每天喂一汤匙左右即可。

2. 添加辅食的基本过程与方法

(1) 初期(6个月左右):1天1次,以可吞咽的流食为主

表3-1 不同月龄婴儿辅食添加的种类和数量

月龄	初期 (6个月)	中期 (7~9个月)	后期 (10~12个月)
食物形状	流食	泥状食物	切碎食物、小丁块状、指状食物
辅食次数	1次/日	2次/日	3次/日
奶类次数	5~6次/日	4~5次/日	3~4次/日
谷物类	加铁米粉	米粉、米粥、面条碎	烂米饭、烂面
蔬菜	根茎类	碎菜25~50 g/日	碎菜50~75 g/日
水果	水果泥(苹果、香蕉、梨)	20~30 g/日(逐渐增加水果种类)	50 g/日
肉类	尝试添加	肉泥、肝泥、动物血等	动物肝脏、血、鱼虾、鸡鸭肉、猪肉、牛肉等,25~50 g/日
蛋类	暂不添加	开始加蛋黄,每日1/4逐渐增加至1个	1个鸡蛋
体重增长	500~600 g/月	300~400 g/月	300~400 g/月

这一时期的婴儿能将放进嘴里的流质食物吞咽下去。这一阶段婴儿的哺乳反射现象明显减少。保育师为婴儿喂食时,可以用勺子刺激婴儿的下嘴唇,让婴儿张开嘴后将辅食含入口中。一开始每天给婴儿喂一汤匙左右便于吞咽的流质状态的食物,观察婴儿的状态酌情加量。

(2) 中期(7~9个月):1天2次,以泥状食物为主

这一时期婴儿已经能用嘴唇将食物含在口中,能用上颚和舌头将食物捣碎。开始长出乳牙。保育师要准备婴儿可以用舌头就能捣碎的辅食,用勺子刺激婴儿的下嘴唇,婴儿吃到食物闭上嘴后,再将勺子拔出。保育师可以向婴儿演示嘴巴蠕动开合的状态,鼓励宝宝模仿自己的样子。

(3) 后期(10~12个月):1天3次,切碎食物,以小丁块状、指状食物为主

这一时期,婴儿会把无法用上颚和舌头捣碎的食物用牙龈进行摩擦咬食。保育师可观察婴儿的嘴巴和下巴的运动情况,确认婴儿是否在用牙龈摩擦咬食物并口头引导婴儿"宝宝可以自己咬了哦"。保育师可以一边给婴儿喂切碎的食物,一边观察婴儿的咬合情况,也可以让婴儿自己用手抓食物,放进自己嘴里。

三、1~2岁幼儿的饮食特点与喂养

(一) 1~2岁幼儿的饮食特点

1. 1岁~1岁5个月

- 长出切牙、尖牙、磨牙等,共计12~16颗。
- 咀嚼能力逐渐增强,门牙能够撕咬食物,臼齿能够蠕动着咀嚼食物。
- 大多数幼儿不再吃流质辅食,而是每天吃3次左右幼儿餐,吃1~2次水果点心等,通过餐食能摄取到1天必要的营养。
- 能用勺子进食,有的幼儿还不能完全用勺子顺利地舀起食物,有时候会直接用手抓食物。
- 会用杯子喝水。
- 不要周围大人的帮助,想要自己独立吃饭。

· 有时会往嘴里塞满食物。

2. 1岁6个月～1岁8个月

· 有的幼儿吃得快，有的幼儿吃不干净，有的幼儿咀嚼慢，等等，进食上的个体差异逐渐明显。

· 能灵活地使用勺子。

· 握勺方式存在明显差异。

3. 1岁9个月～2岁

· 到了饭点，能够在保育师的催促下迅速坐好，等待保育师为自己准备好饭菜。

· 有的幼儿会一边玩耍一边吃饭。

· 对食物有了喜好，有时会提出添饭。

· 能手捧着汤碗喝汤。

· 有时会询问大人："这是什么？"

· 能用勺子将碗里残留的食物拨弄到一起。

（二）1～2岁幼儿的喂养

1. 提供丰富的食物

对于年满1周岁的幼儿，应提供尝试各种食物的机会。在幼儿早期尝试不同的食物种类，不仅可以减少偏食现象，也可以促进饮食平衡与营养吸收。幼儿1岁以后咀嚼能力会逐渐增强，门牙能够撕咬食物，磨牙能够蠕动着咀嚼食物。因此，应该逐渐减少流食，大胆添加一些固体形状的食物。2岁左右的幼儿味觉偏好还未形成，偏好口味极易改变。因此不管孩子是否会吃，尽量准备种类丰富的食物，给予幼儿自主选择的机会。

2. 尊重幼儿的兴趣

"兴趣"是最好的老师。人一旦对某种事物有了浓厚的兴趣，就会主动去求知、探索、实践，并在此过程中产生愉快的情绪和体验。婴幼儿天生对"吃"非常感兴趣。但是现代社会，由于家长的引导不当，导致很多孩子对"吃"失去兴趣，甚至排斥。其中最为普遍的是很多家长为了自己认为的营养丰富和饮食平衡，强行喂孩子吃不愿吃的食物。孩子表面上看似吃进去了，但是内心是非常抗拒的。这样久而久之，孩子厌食的情况就会时有发生。在喂养过程中，我们要尊重孩子的兴趣，让孩子自主选择喜欢的食物，当孩子不喜欢吃某种食物时，也不应强行喂养，而是加以引导。

3. 对第一次接触的食物进行积极描述

幼儿对第一次接触的事物会产生既好奇又抵触的情绪。当幼儿感到好奇时，需要给予鼓励，引导幼儿大胆地尝试。如果幼儿不愿意尝试，也不可强迫幼儿。首先，保育师可以用温柔的语言来描述食物的品相及味道，让幼儿对其产生兴趣，然后再鼓励幼儿尝一尝。其次，也可以津津有味地吃给幼儿看，让幼儿产生想吃的欲望。如果第一次鼓励无果，也不可过早放弃，随着孩子年龄的增加，多次地鼓励尝试会让幼儿建立自信心，积极探索新的食物。

4. 准备幼儿感兴趣的餐具

对于小年龄段的幼儿可能会对大人手中的勺子感兴趣。这时，大人可以在吃饭前为幼儿准备好勺子，让幼儿有意识地自主使用，并且告诉孩子："这就是我们宝宝的勺子呢。"在玩沙子时可以准备一些勺子以及锻炼精细动作的游戏。幼儿一边玩耍，一边锻炼精细动作，也可以为其顺利用勺子进餐做准备。当幼儿表现出对拿勺子的兴趣，家长就可以用各种方式向其示范用勺子的正确方法。比如对待小一点的幼儿，在吃饭过程中家长可以从身后握住他们的手，教其正确使用勺子。

5. 营造良好的就餐环境

吃饭时，如果周围有玩具或开着电视，就很难让幼儿集中注意力吃饭。整理餐桌周围的杂物，关掉电视，给他们一个整洁、安静的进餐环境。如果使用儿童椅，可以把座位调窄一些，让幼儿坐在椅子

上不能大幅度扭动。调整脚垫的位置，让幼儿能将脚踏在脚垫上，姿势稳定地进食。有研究表明，固定餐桌对幼儿良好的饮食行为也是保护性因素。

给幼儿营造可以用手抓食或触摸食物的轻松环境。在这样的环境中，幼儿“想吃东西”的欲望增加，进而自主伸手去拿食物(图 3－3)。允许幼儿选择自己喜欢吃的食物，准备一些幼儿方便使用的辅助进餐器具等，都可以帮助幼儿自主吃饭，增加成就感。

图 3－3　可以用手抓食的轻松环境

四、2～3 岁幼儿的饮食特点与喂养

（一）2～3 岁幼儿的饮食特点

- 长出 20 颗左右的乳牙。
- 能根据大人的指令拿递碗筷。
- 能像握铅笔一样握勺子。
- 吃饭时话越来越多。
- 对筷子越来越感兴趣。
- 能灵活地使用勺子和叉子吃饭，并会用单手扶着碗。
- 开始挑食，排斥某些食物的味道，食欲时好时坏。
- 改变食物的味道、烹饪方法，或营造愉快的用餐氛围，会配合吃一些平时不爱吃的食物。
- 当吃饭太慢，大人伸出手帮忙时，会表现出“我要自己吃”的意志。

（二）2～3 岁幼儿的喂养

1. 把食物做成孩子喜欢的形状或改变烹饪方法

当幼儿不喜欢某种食物的味道时，可以适当改变食材的切法，改变形状。当幼儿看到自己喜欢的形状时，首先会对形状感兴趣。这时，保育师可以抓住幼儿的兴趣点，让幼儿进行尝试。例如，可以把胡萝卜切成星星的形状，并且告诉幼儿“来，宝宝，我们一起来尝一尝这颗星星吧。星星的味道是什么样的呢?”等，引起幼儿的好奇心。也可以改变食物的烹饪方法，例如，幼儿不喜欢吃白菜，但很喜欢吃饺子，那么我们可以把白菜切成碎末，包进饺子里，试一试幼儿是否接受。改变食物的烹饪方法，多做一些尝试，可顺利帮助幼儿克服挑食问题。

2. 采取游戏的方式引导

婴幼儿视游戏为生命，华爱华曾在书中提到：“玩儿是小孩子的整个生命。”[①]喜欢游戏是孩子与生俱来的本能。在婴幼儿喂养过程中，采取游戏的方式，不仅可以达到快乐进餐的目的，也可以培养婴幼儿良好的用餐习惯。对于年满 2 周岁的幼儿，可以通过角色扮演游戏等，帮助其快乐进餐(图 3－4)。

3. 准备幼儿感兴趣的餐具

对于 2～3 岁的幼儿，家长可以准备印有幼儿喜欢的卡通人物或动物等的餐具作为其指定餐具。这样不仅可以提高幼儿对用餐的兴趣，也可提高其对自己餐具的归属感。用餐时，让幼儿有意识地自主使用筷子，可以通过示范及鼓励，让其尽快学会正确使用筷子的方法。在这一过程中，幼儿也可不断获取成就感。

4. 让幼儿关注并了解食物的营养

保育师可以借助绘本和图片等，和幼儿一起学习营养的基本知识。保育师可以告诉幼儿食物里

① 华爱华，幼儿游戏理论[M].上海：上海教育出版社，2000：97.

含有丰富的营养，而营养成分是我们的生命之源。保育师也可以告诉幼儿怎样吃才能摄取均衡的营养。例如，保育师可以将食材的图片分类，并向幼儿说明每种食材能带给身体怎样的营养，让其意识到不能挑食，各种颜色的蔬果都要吃才能摄取到均衡的营养。

餐前活动

5. 营造良好的就餐环境

为幼儿营造适宜的环境，启发幼儿对食物的兴趣。保育师可以和幼儿一同认识食材，也可以让幼儿参与到果蔬的栽培过程，如让幼儿亲手栽种蔬菜、浇水等。

用餐姿势

要调整好用餐时间。用餐时间过长会导致幼儿对吃饭越来越失去兴趣，但用餐时间过短，也会对消化功能产生不良影响。保育师可以把用餐时间控制在 20～30 分钟，并且固定用餐时间。这样不仅有助于幼儿的动力定型①，也不会影响肠胃的正常功能。

6. 教会一些日常用餐礼仪

用餐礼仪是幼儿喂养的重要内容，用餐礼仪具有日常性、程式性和集体性等特点，也是饮食文化的重要组成部分。幼儿处于生长发育的关键时期，良好的用餐礼仪可以促进幼儿的身心健康，也为幼儿形成良好的用餐习惯打下坚实的基础。同时通过学习用餐礼仪，幼儿可以了解我国的饮食文化，从小培养文化自信。用餐前先确认幼儿的坐姿是否正确。保育师要教授正确的就餐姿势，让幼儿养成规范良好的就餐姿势。保育师要一边示范一边讲解，背要挺直，脚要踩稳地面，教会幼儿规范的就餐礼仪。其次，确认碗筷是否摆好，教会幼儿正确的握勺方法。如果幼儿用勺比较顺利或对筷子感兴趣，可以教幼儿使用筷子。使用前说明注意事项，以免发生危险。比如，使用筷子时不能将筷子转来转去对着他人，不能拿着筷子到处跑等。最后，开始吃饭前，告诉幼儿食物的来之不易，引导幼儿表达对做饭人的感谢。

图 3-4　采取游戏的方式引导

图 3-5　用餐正确姿势

吃饭时用单手扶碗，嘴里有食物时，告诉幼儿不要说话，让幼儿形成闭着嘴吃饭的意识。食物掉落至桌子时，温柔地提醒幼儿“请宝宝闭上小嘴吃饭哦”“宝宝要把嘴里的食物都吞到肚子里了才能说

① 动力定型是指人长期生活、劳动、反复重演某种活动，逐渐在大脑皮质高级神经系统中建立的巩固的条件反射活动模式。其外在表现为动作习惯。

话哦”等。

7．让幼儿体验餐前餐后全过程

让幼儿参与体验从餐前准备到餐后收拾的全过程。

餐前餐后

餐前：幼儿喜欢并乐于帮助大人做家务。因此爸爸妈妈可以让幼儿跟自己一起用抹布擦干净餐桌，帮忙递送一些安全简易的餐具等，参与到餐前的准备事务中来。

餐后：让幼儿适当帮忙收拾碗筷。可以教幼儿将大小一致的碗盘和杯子等餐具进行分类，并摆放到指定的地点。

拓展阅读

让婴幼儿学会使用勺子和筷子

1．勺子的使用方法

1岁零6个月左右

宝贝最开始是用自己的手掌从勺柄的上方握住勺子

2岁左右

从勺柄下方往上握住勺子

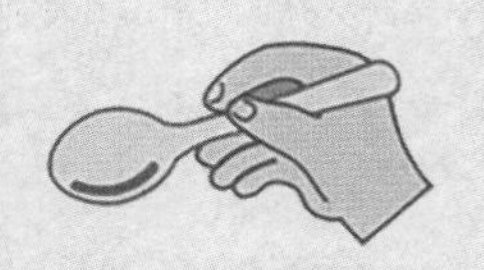
2.5岁左右

能像握铅笔一样握住勺子

2．筷子的使用方法

1．像握铅笔一样握住一根筷子

2．将另一根筷子插入放进大拇指的根部

3．将中指靠在两根筷子中间的缝隙处

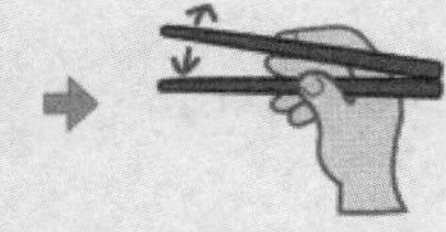
4．用中指拨弄上方的筷子，下方的筷子保持不动

任务2 穿脱与清洁照护

案例导入

我们在托育园经常看到这样的场景，给幼儿脱了衣服过后，幼儿为了不穿衣服而满屋跑，保育师跟在幼儿后面边跑边说："站住，衣服还没穿呢！"老师越追着跑，幼儿跑得越开心，就是不要穿衣服。老师为了防止幼儿着凉而感冒，并提高工作效率，会强行把幼儿抓住并给幼儿穿衣服。这时，幼儿往往表现出抗拒，甚至会闹情绪。换完衣服过后，幼儿的情绪久久无法平复，但保育师要照顾这么多幼儿，觉得没有时间这样一直耗下去。应该怎样解决这一问题呢？通过本次学习，可以解决以上问题。

任务要求

1．理解各年龄段婴幼儿的穿脱与清洁需求。
2．可以根据婴幼儿各年龄段的需求进行正确的穿脱与清洁。

核心内容

一、0～6个月婴儿的穿脱与清洁需求

在这一月龄阶段，婴儿很容易患上传染病，因此需要准备干净的衣服和玩具，并且要进行每日的健康观察，把握婴儿日常的身体状况。

（一）0～6个月婴儿的穿脱与清洁需求

1．换衣
- 给婴儿穿不束缚身体以及穿脱方便的衣物。
- 衣物要及时更换，至少每天一次。

2．清洁
- 喂奶前后擦拭脸以及手。
- 能感知婴儿的不适感，如尿布湿了会哭泣，换完尿布后将停止哭泣。
- 新陈代谢活跃，很容易出汗。

（二）0～6个月婴儿的穿脱与清洁

1．穿脱

（1）衣物的选择

在衣物的选择方面，可与家长合作，准备柔软且能让孩子身体自由活动的衣服。对于入托的婴

儿，要多准备几件衣服放在托育园，以便弄脏后可及时更换。夏季的衣服可以准备4～5件，冬季的衣服可以准备3～4件。在衣服的选择上，需遵守以下5个原则。

① 穿脱方便原则。给婴儿选择衣服时，首先要考虑穿脱是否方便。对于婴儿可选择连体衣（图3-6），连体衣可有效防止抱孩子时上衣缩上去，导致肚子着凉。并且，婴儿的衣服不宜选择从头上套穿的衣服，穿脱非常不便。尽量不给婴儿穿包脚连体衣，在室温合适的情况下（25度左右），也不必给婴儿穿袜子，让婴儿脚部感知觉得到更好的发展。

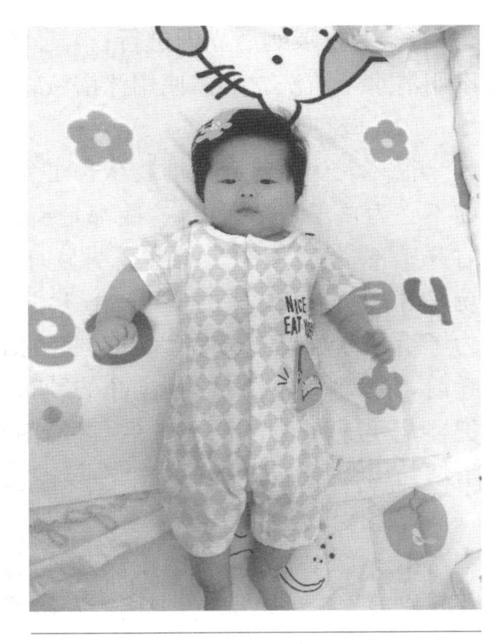

图3-6　穿脱方便的连体衣

② 宜浅不宜深原则。对于婴儿的衣服，尤其是贴身内衣，要选择浅色的衣物。深色的衣服常含有染色剂，且染色剂中常含有甲醛和其他的化学成分。此外，要确认是否写有A类，在所有的衣服中A类衣服的安全性最高。

③ 宜软不宜硬原则。婴儿的皮肤非常娇嫩，所以选择的面料应以柔软、舒适为主。从生理特点出发，婴儿容易出汗，体温调节功能比较差，因此需要给婴儿准备可快速吸汗、耐洗涤、保暖性高的材质。对于面料选择，宜选择全棉衣物，不仅无刺激性，吸湿、排汗功能也较好。

④ 大小适当原则。在选择衣服的过程中，不宜选择过大或过小的衣服。衣服过大，容易让婴儿露出肩膀引起着凉或因袖子过长阻碍婴儿用手进行探索。衣服过小，会限制婴儿的活动。

⑤ 增减衣物原则。夏季，要给婴儿穿透气、轻薄的衣服，穿得太厚会导致婴儿烦躁且不愿意活动。冬季也不要给孩子穿得太臃肿，目前市面上有很多柔软舒适的羽绒背心、加绒背心等。摸一下手脚不冰凉、后背没有流汗就说明衣服厚度较合适。早晚温差大时可用多件薄衣服来进行增减，这样不仅可以提高保育师的工作效率，也可以预防因婴儿穿厚衣服出汗而打湿衣服后，直接全部脱下来换衣导致的感冒。此外，在婴儿活动前后要增减衣服。如果活动前没有减少衣服，活动后出汗了就要直接换衣服。尤其是寒冷的冬季，要及时更换衣服，以防感冒。

（2）换衣技巧

把婴儿放在床上，先把连体衣的下半身扣子打开，打开后先检查尿布是否需要更换。如需更换，先给婴儿换尿不湿，换好尿不湿后按“换衣服”视频中的步骤给婴儿换衣服。

换衣服

（3）换衣时的观察要点

换衣时，要兼顾全身的健康观察。通过观察婴儿全身来判断有没有出现疹子，如痱子、湿疹等皮肤炎症。如有发现，应及时与家长沟通，不要盲目给婴儿洗澡。如发现无法判断的疹子时，及时与保健医生及家长沟通，确定是否需要尽快隔离治疗。如传染性脓痂疹等有传染风险的疾病需要及时隔离治疗。

2. 清洁

（1）沐浴

沐浴要在充分观察婴儿活动的前提下进行。如当天婴儿不活跃、哭闹等情况较多，应酌情取消沐浴。冬季或气温较低的情况下，可给婴儿每周洗2～3次，洗得太频繁可导致婴儿皮肤干燥、脱皮等问题。夏天天气炎热，容易出汗，可以1天洗1～2次。有关浴盆的选择，对于5个月之前无法坐稳的婴儿可以选择浴盆架或保育师在洗澡时用左手拖住婴儿的头部。对于6个月左右可以坐稳的婴儿则可直接坐在盆中。注意事项：第一，在整个沐浴的过程中，保育师不得离开婴儿，以防婴儿溺水，且要时刻观察婴儿是否有不适等；

洗澡

第二，避免在喂奶后立即进行；第三，不要使用过多的碱性沐浴液或洗发水，对于6个月之前的婴儿可以用清水来清洗。如需使用沐浴液，一定要选择质地柔和、对婴儿皮肤无伤害的产品。

（2）口腔清洁

口腔清洁

很多人认为口腔清洁要从长了牙开始进行，甚至有一部分人认为在吃一日三餐之前不必为孩子清洁牙齿，这些都是错误的观点。大多数婴儿的口腔敏感期在4个月左右开始，这一时期的婴儿已经明显有了喜好，喜欢乳头、奶嘴、自己的手指以及特定的玩具等。如果从这一时期开始，婴儿可能已经对大人的手指、棉棒或牙刷感到排斥。为了给乳牙健康成长的环境，口腔清洁要尽早开始。对于口腔的清洁：出牙前，哺乳或睡前，保育师洗净双手，把干净的纱布缠在食指上，蘸一点温水，放入婴儿口中，轻轻擦拭婴儿的牙龈，把婴儿牙龈清洁干净；出牙后，可使用6月龄前使用的专用牙刷蘸上水，轻轻上下摩擦牙齿，牙龈部的清洁与出牙前一致。

（3）指甲护理

由于婴儿的新陈代谢较快，指甲长得也比较快，但也因人而异，我们应根据婴儿指甲的生长速度帮其修剪。一般情况下，一周需要给婴儿剪1～2次手指甲，脚趾甲则需2周左右剪一次。6个月以内的婴儿，我们可以在孩子熟睡的时候进行修剪，修剪长度不能过短，以免给婴儿带来不适感，甚至感染。修剪前后要用酒精棉对指甲刀进行消毒。

（4）室内环境

在这个时期，最重要的事情是注意孩子生命的安全。创建一个安全的保育室需要注意不会造成婴儿受伤和误食，家具不会有危险的部件，保育师要时常把注意力集中在孩子的动向上。再者，这个时期也是传染病的多发时期，要提前对寝具进行彻底的卫生清洁，整理室内的环境。

二、7～12个月婴儿的穿脱与清洁

（一）7～12个月婴儿的穿脱与清洁需求

1. 穿脱

- 能够抓住东西站立或是坐起来，以及可以配合保育师的穿脱活动。
- 享受脱衣的感觉。
- 想要脱掉裤子或上衣。
- 会拉自己的袜子，偶尔也有自己脱掉袜子的情况。
- 开始理解语言，有时会从自己的储物柜里拿衣服，有时会收起来。

2. 清洁

- 母体免疫薄弱的情况下，婴儿很容易得病。
- 不喜欢擦拭脸和鼻涕。
- 皮肤有时干燥，有时发疹。

（二）7～12个月婴儿的穿脱与清洁

1. 穿脱

（1）换衣技巧

7个月的婴儿可以坐稳，因此这一月龄阶段的婴儿呈坐位，穿套头的上衣。更换衣服的步骤可参考“换衣服”视频。

（2）换衣时的观察要点

换衣时，和0～6个月时一样，要观察皮肤是否有红肿或疹子。如有发现，应及时与家长沟通，先不

要盲目给婴儿洗澡。尤其是发现无法判断的疹子时，及时与保健医生及家长沟通，确定是否需要尽快隔离治疗。

（3）穿脱过程中要积极与婴儿对话

保育师需在换衣时多与婴儿互动，让换衣变成一种享受。换衣时，首先告诉婴儿要做的事情，比如“来，宝宝，我们来换衣服吧”，并给婴儿看要换的衣服。通过这样的对话，可提高婴儿对穿脱的认识。当婴儿的头通过衣服领口时，边做夸张而很高兴的表情，边对婴儿喊“哇，可爱的头出来了”。当婴儿的脸部从衣服中出来之前孩子会因看不见前面而变得不安，有了这样的对话，可以让婴儿安心地更换衣服。穿脱过程中，保育师与婴儿面对面地坐着进行互动，而不是一味让婴儿躺着换衣服，可以让婴儿觉得换衣服也是一件快乐的事情。

（4）准备容易理解且使用简单的储物柜

为了让换衣顺利地进行，在婴儿的衣柜上贴上孩子的照片或是做上标记，这样可以让保育师的工作变得轻松，也能够让婴儿从自己的衣柜里拿出衣物来。

2. 清洁

（1）培养婴儿的清洁意识

要时刻提醒婴儿“脏了就要洗干净”。在饭前饭后或换尿布时，每次都要告诉婴儿“小身体变干净了，心情也好啦！”等。虽然婴儿不能理解语言表达的意思，但会感受到良好的心情与氛围，久而久之，可以让婴儿拥有清洁意识。

（2）体验洗手

虽然市面上婴儿湿巾非常常见，也因为方便而深受家长喜爱。但很多湿巾中其实含有消毒成分、防腐剂等，并没有想象中那么安全。无论是从安全角度出发，还是为了培养婴儿良好的盥洗习惯，可以让婴儿体验并养成洗手的习惯。户外活动过后或饭前，保育师可以把婴儿抱起，给其洗手。如果遇到人手不足的情况，也可以酌情改变方式，用温水拧干的湿毛巾擦拭婴儿的手。

三、1～2 岁幼儿的穿脱与清洁

（一）1～2 岁幼儿的穿脱与清洁需求

1. 1 岁～1 岁 7 个月

（1）换衣

- 穿衣服时，手能够穿过袖口，脚能伸进裤子里。
- 能够摘帽子、脱鞋，能自己往上提裤子。

（2）清洁

- 饭后给孩子毛巾，他（她）能够自己擦拭嘴和脸。
- 能自己洗手。
- 衣服黏上东西，可以自己用手除掉。

2. 1 岁 8 个月～2 岁

（1）换衣

- 虽然自己换衣服会花费一些时间，但基本上能够完成自己穿一件外套。
- 能够穿脱鞋子。
- 能够戴帽子。
- 自己穿脱衣物的时候不喜欢别人帮忙。
- 能够和保育师一起收拾整理衣物。

（2）清洁

- 能够自己洗手并用毛巾擦干。
- 能够在排泄后与吃饭前洗手。
- 能够在饭后咕噜咕噜地漱口。
- 能够把自己的牙刷放进嘴里并让牙刷动起来。

（二）1～2岁幼儿的穿脱与清洁

1. 穿脱

（1）衣物准备

给幼儿准备容易穿脱的衣物，准备领口和袖口宽松或有一定弹性的衣服。为了锻炼幼儿自己穿衣、脱衣的能力，选择上下衣分开的衣服。在样式的选择上，尽量选择很容易分辨出前后面的衣服，如前面有大面积卡通图案，这样不仅可以引起幼儿对穿衣服的兴趣，也可以避免幼儿前后不分而穿错衣服。

（2）提前按顺序在地板上把衣物排列好

按照穿衣服的顺序（如内裤—短袖—裤子之类的顺序）提前在地板上给幼儿准备好衣服并说明从哪一件开始穿。即使幼儿自己不能完成穿衣服这一整套动作，但幼儿可以在不断的演示过程中，理解穿衣服的顺序。

（3）准备穿脱用的椅子

穿脱的时候从卫生及便利性方面考虑，给幼儿准备椅子。为了避免换裤子的时候会产生卫生方面的问题，椅子上可以放一条毛巾。保育师帮助幼儿换裤子时，也可以坐在保育师的腿上进行。

（4）接受孩子想要自己做的情绪

在这个时期，幼儿会自发地有想要去做一件事的情绪。幼儿为了配合保育师的穿脱动作，自己的身体也会跟着动起来。要接受幼儿的这种积极性，让他们自己做一些把衣服边往下拉、裤子往上提等力所能及的事情。给予适度的援助，让幼儿能够体会到“自己能行”的成就感。

（5）让穿脱变得有趣

让幼儿体验解开纽扣、拉拉链等技能。保育师可以把纽扣系一半到纽孔里，然后再慢慢把纽扣拉出来，给幼儿展示纽扣穿进孔里的样子，在日常穿脱过程中可以反复这一动作，引起幼儿兴趣。在这之后，保育师可以把纽扣系一半到纽孔里，让幼儿把剩下的一半拉出来，让幼儿体验纽扣穿过纽孔的感觉。同样，拉链也不要给幼儿直接拉完，保育师可以拉到三分之一左右后，让幼儿继续往上拉。当幼儿做到时及时给予鼓励及表扬，让穿脱变得更有趣。

（6）换装游戏

对于那些过于依赖保育师、不喜欢自己穿脱的幼儿，可以进行一些换装游戏，在游戏中让他们学会穿脱衣物。例如，可以通过给玩偶换装之类的游戏让他们学会穿脱衣物。让幼儿在游戏中感知乐趣，让他们也有想尝试去穿脱衣物的欲望。

2. 清洁

（1）淋浴

这一时期的幼儿开始独立行走，这为淋浴打下了良好的基础。尤其是在南方，因为淋浴更方便卫生，深受大家喜爱。虽然这一年龄阶段的幼儿可以站着淋浴，但全程让幼儿站着似乎也有一定的困难，因此我们可以为幼儿准备淋浴用的小椅子，让幼儿坐在小椅子上洗澡。具体洗澡的步骤请参考视频“洗澡”。

（2）养成洗手的习惯

在托育园的生活中，必须要给幼儿养成保持干净的习惯。这个时期的幼儿可以理解大人所表达的意思，也是习惯养成的重要时期。因此，我们一定要明确地告诉幼儿为什么要洗手，并且慢慢传递

洗手的正确方法。洗手时，可以一边对幼儿说“小手小手，洗干净，小手小手，真漂亮”，一边让幼儿看保育师洗手的动作，激发幼儿洗手的兴趣(图3-7)。

图3-7 1～2岁幼儿洗手

(3) 保育师帮助幼儿洗手

在洗手的时候，为了不让衣服打湿袖口，让幼儿挽起袖口。保育师站在后面，牢固地支撑着幼儿的身体，把幼儿的手包裹起来清洗。并且说“你看，水出来了哟!”“好舒服呀!”之类的话，引起幼儿的注意。

(4) 用毛巾擦拭

在洗脸台触手可及的地方准备纸巾或幼儿专用的小毛巾。毛巾要多准备几条，以便在打湿的时候能及时更换，这样才能保持清洁干爽。

(5) 在生活中灌输清洁意识

在饭前饭后保育师要帮助幼儿擦嘴、擦手。吃饭的过程中如果弄脏了嘴和手，保育师要及时给幼儿擦拭。另外，也可以让幼儿拿湿毛巾自己试着擦一下。在吃饭的这段时间教会幼儿要保持嘴和手的清洁。

(6) 户外活动后

户外活动回来幼儿出了汗时，不要直接给幼儿换衣服，而是要和幼儿保持对话，如“出了这么多汗，一定很不舒服吧？我们一起来换衣服吧”，让幼儿有意识地感受目前不舒服的感觉。在换完衣服后，对幼儿说“哇，舒服吧？变干爽了”等。在日常生活中培养幼儿的清洁意识。

(7) 在室内活动后

让幼儿在日常生活中看到保育师整理的姿态，并对幼儿强调保持室内清洁的必要性。例如，保育师收拾积木时可以边和孩子对话，边整理。“我们把积木宝贝送回家，放在地上小朋友们踩到了会摔倒的。”如果幼儿和保育师一起收拾整理的话要进行表扬，并让幼儿感觉到清洁状态下的房间可以让人心情变得舒畅。

四、2～3岁幼儿的穿脱与清洁

(一) 2～3岁幼儿的穿脱与清洁需求

1. 换衣

- 幼儿会推开大人想要帮忙的手。
- 能系上大的纽扣或者按扣。
- 有花纹或记号的话，能分清衣服的前后和正反。
- 撒娇地说出“做不到”“你看”。
- 就算花费时间也想自己来做。

2. 清洁

- 能够咕噜咕噜地漱口(用脸颊挤压水发声)。
- 有时候自己擦鼻涕，有时候在保育师的帮助下擦鼻涕。
- 能分清楚干净与不干净，能够注意到朋友身上不干净的地方。
- 手能够通过互相摩擦来清洗。
- 能够短时间呱啦呱啦地漱口(用喉发声)。

（二）2～3岁幼儿的穿脱与清洁

1．穿脱

（1）让幼儿在穿脱过程中感受成就感

对于这一年龄阶段的幼儿来说，穿衣脱衣还不够熟练，很多时候都会失败。失败的次数太多，幼儿会有挫败感，不愿意尝试就直接放弃。这时，保育师可提供部分帮助，让幼儿在不经意间体会成就感。例如，当幼儿的裤子被卷起、提不上来而焦虑时，保育师可以帮幼儿整理裤子，并提到膝盖上面，最后让幼儿自己把裤子提到腰部。通过这些小小的帮助，可以让幼儿体会到“自己也能够做到”的成就感。

穿脱

（2）对于幼儿的求助，一定要温和对待

让幼儿完全实现自理需要时间。对穿脱这件事，有时幼儿表现得情绪高涨，跃跃欲试，但有时也会拒绝自己完成。幼儿情绪不高时，往往会向保育师撒娇寻求帮助，说自己做不到。这时保育师应温和地接受幼儿的“做不到”与“帮我做”的情绪，并对其给予一定的帮助。例如，当幼儿穿不好上衣而闹情绪时，温柔地告诉幼儿“好的，我来帮你。我帮你把头套上，看你能不能自己把小手伸进袖子里”等。

（3）幼儿不愿意换衣服时的解决方法

可以适当让幼儿自己选择。这一年龄阶段的幼儿自我意识变得越来越强，经常会拒绝换衣服。在这种情况下，可以把选择权交给幼儿，例如：“你要穿红色的还是黄色的？”给幼儿选择的机会，幼儿会更加愿意参与到换衣服的过程中。

把换衣服变成一种游戏。当幼儿拒绝换衣服时，可以用游戏的形式进行穿脱。例如，当幼儿拒绝穿裤子时，可以给幼儿唱儿歌并配合相应的动作。把幼儿的小腿当作小火车，把裤腿当成山洞，当小脚从裤腿里出来时，保育师就可以喊“到站！”（见图3－8）。当幼儿听到欢快的儿歌时，会不由自主地配合保育师穿裤子，也会对下次穿裤子充满期待。

儿歌

小火车

小火车，呜呜叫，
过一个山洞，
又一个山洞，
七哈七哈
一直跑。
到站！

图3－8

2．清洁

（1）淋浴

这一年龄阶段的幼儿脚部力量更足，更加便于淋浴。并且，他们的活动范围及活动量也变得更大，需要常洗澡、常更衣。这一时期的幼儿比较贪玩，排斥洗澡的幼儿我们可以利用一些洗澡玩具吸引他们配合洗澡，对于喜欢洗澡的幼儿，要把控好时间，淋浴时间不宜过长。具体洗澡步骤可参考1～2岁幼儿的淋浴方法。唯一不同的是，这个阶段的幼儿精细动作发展得更好，自己能洗的部位要让幼儿自己洗，提高他们的自我服务能力。

（2）盥洗

这一时期的幼儿的理解能力更进一步，我们可以教会他们正确的洗手方法。虽然幼儿还无法完全做到“七步洗手法”，但是我们在日常生活中要培养他们认真洗手的习惯。尤其是要做到洗手时间坚持在1分钟以上，洗手时要提醒每一个部位都要洗到，特别是指缝、指甲边缘等，并且要让幼儿做到反复揉搓。在洗手间可以贴上“七步洗手法”的图片，让幼儿时刻都能看到，并且可以准备洗手液、肥皂等物品，供他们更好地清洁手部。

盥洗

（3）养成漱口的习惯

给幼儿准备合适的杯子，养成饭后漱口的习惯。最初，幼儿可能因为不熟练而在脸颊鼓起来的同时吐出嘴里的水。保育师要给幼儿进行示范，让幼儿的脸稍微朝下，把水含进嘴里，并做咬合动作，发出咕噜咕噜的漱口声。

漱口

(4) 给幼儿养成刷牙的好习惯

为了预防牙病,告诉他们刷牙的意义与养成刷牙的习惯是十分重要的。这个时期的刷牙,基本上都由保育师来进行操作。最初的刷牙只是轻轻地将污点清洁干净,如在清洁过程中发现龋齿,要及时与家长联系,尽快带幼儿到牙科就诊。

(5) 擦鼻涕

这一时期的幼儿可以注意到自己的鼻涕,但大多数幼儿还不会擤鼻涕或主动擦鼻涕。当看到幼儿流鼻涕时,对其说"鼻涕流出来了呢,让我们来擦干净吧!"等,让幼儿注意到流鼻涕了。保育师可以用手轻轻地固定孩子头部,用纸巾温柔地擦拭。

任务3 睡眠照护

案例导入

涵涵今年2岁半，来到托育园已有1个月，老师们最头疼的是她不爱睡觉，一到午睡时间(12点左右)就明显表现得不安，抱着枕头往活动区跑，在角落里坐着发呆。老师叫她回到床上，她也当没听到。如果老师硬拉到床边，会哭闹不止，整个午睡时间她都无法入睡。因为她中午不睡觉，对整个下午的活动都提不起兴趣。和家长沟通在家里时的情况，家长反映涵涵会午睡，但她的睡觉时间一般在14点左右。

上述案例中，我们发现涵涵在保育园和家里的午睡时间相差太大。她已经对午睡产生了一定的焦虑。对于以上情况，首先要了解孩子无法入睡的原因，并用对话、安抚及其他方式消除涵涵对午睡的焦虑。此外，要与涵涵家长沟通，调整家里的午睡时间，与托育园保持一致。

任务要求

1. 理解各年龄段婴幼儿的睡眠特点。
2. 可以根据婴幼儿各年龄段的需求提供正确的睡眠照护。

核心内容

一、0～6个月婴儿的睡眠特点与照护

（一）0～6个月婴儿的睡眠特点

睡眠对于婴幼儿的生长发育起着非常重要的作用。优质的睡眠不仅促进幼儿身高、体重的增长，也有助于婴儿的心理健康，睡眠充足的婴儿在清醒状态时更愿意与大人互动，且不易烦躁。此外，脑细胞的发育完善也在睡眠中进行，因此睡眠也有利于婴儿脑部发育。新生儿分不清昼夜的区别，对于喂奶以外的时间段都会感到疑惑。在4个月大的时候，开始注意到昼夜的区别，变得集中在夜晚睡觉。0～6个月的婴儿睡眠特点如下。

1. 1～2个月

- 每3～4个小时醒来后又接着睡。
- 一天大约20～22小时的睡眠时间。
- 醒来会哭。

2. 4～5个月

- 早上7点醒来，在白天睡3～4个小时，夜晚8点入睡直到第二天的早晨。一般睡眠时间为14～15小时。
- 如果抱着孩子睡觉，在移动被子的时候孩子会醒来。

（二）0～6个月婴儿的睡眠照护

1．满足每一个婴儿的睡眠规律

睡眠需求是最基本的生理需求，这个时期的婴儿睡眠的次数很多，在保育室里可能随时都处于睡觉的状态。在托育过程中无需固定睡眠时间，根据每个婴儿的睡眠规律，创造一个婴儿想睡觉就能立刻入睡的安静而温馨的保育室环境。

2．当婴儿醒来时，要及时给予拥抱或爱抚，缓解婴儿的不安情绪

保育师要在婴儿睡觉时守护在旁，不要轻易离开。尤其是对于浅睡眠的婴儿，保育师的频繁离开，会让婴儿处于不安的状态中，使其不容易入睡。当婴儿醒来时，及时抚摸婴儿的身体，握住小手，安抚婴儿的情绪。当婴儿再次入睡后，再把婴儿轻轻放在婴儿床上。

3．创造一个轻松愉快并安全的睡眠环境

首先，在婴儿的脸周围及头部上方不要放任何东西，以防婴儿翻身或扭动身体时不小心盖住头部，导致窒息。其次，因婴儿睡觉时体温会上升，需要注意不要把空调或暖气的温度调过高，使用轻薄的被子比较适宜。此外，保育室的光不要调得过暗，以能够看清婴儿的脸和表情的适合光亮为宜。

4．睡眠中的检查要点

当婴儿睡觉时要不间断地看着婴儿，注意婴儿的呼吸状态，当婴儿趴着睡觉时，要及时调整过来。对于睡前喝奶的婴儿，要确认口腔内是否还有残留的奶，在婴儿完全睡着之前轻拍婴儿，使其把口腔里的奶咽下去再睡觉。

5．遇到婴儿频繁睡眠惊厥时的处理

如果婴儿在睡眠过程中不断醒来哭闹、睡觉不安稳，说明婴儿身体可能出现了一些不适。室温太高或太低、吵闹声过大、房间太亮、尿不湿太湿、饥饿等各种原因都可能会导致婴儿身体不适。因此，保育师要为婴儿排除或解决这些问题。另外，某些疾病也可能会影响幼儿的睡眠质量，例如，婴儿缺乏维生素D可导致神经、肌肉的兴奋性发生改变，会出现夜惊、多汗等症状。

◆ 拓展阅读 ◆

婴儿猝死综合征

SIDS（婴儿猝死综合征）是指健康状态的婴儿在睡觉的时候突然死亡。这种病症在出生后6个月前后更容易发生。在这个时期，一定要时刻注意婴儿的睡眠状态，在婴儿自己可以翻身的范围内，让他朝着上方睡觉并且定期地确认呼吸状况来预防SIDS。

二、7～12个月婴儿的睡眠特点与照护

（一）7～12个月婴儿的睡眠特点

这一月龄段的婴儿在托育园，昼夜作息越来越规律，玩耍时间也越来越长。因6个月过后的婴儿可自由自在地翻身，所以更加需要注意婴儿睡觉时的周围环境。7～12个月的婴儿一般表现出如下睡眠特点：

- 困的时候会出现揉眼睛等动作。
- 困的时候会撒娇或闹情绪。
- 一天的睡眠时间大概在13～15个小时。
- 从中午前、中午后、傍晚的三次睡眠变成中午前和中午后的两次睡眠。
- 能分清昼夜，午睡时间变得固定。

（二）7～12个月婴儿的睡眠照护

1．养成良好的睡眠习惯

良好的睡眠习惯可以保证婴儿的睡眠质量，睡眠差很容易导致婴儿活动减少、哭闹及兴趣减少

等，进而限制婴儿的发展。因此，要培养婴儿良好的睡眠习惯。

（1）不用抱着孩子睡觉，而是在一旁陪着孩子睡觉

有一部分家长从孩子一出生开始就抱着哄睡，长期养成这样的习惯会导致婴儿无法自行入睡，甚至一放在床上马上醒过来哭闹等。这样的过度呵护对婴儿来说是毫无意义的。刚出生的婴儿因为刚从包裹的环境中出来而对外界感到陌生导致身体紧张，因此，他们更喜欢被拥抱或蜷缩的感觉，但是随着感知觉的发展，这一喜好会慢慢消失。如果经常抱着孩子睡觉，不仅会影响他的脊柱发育，也对婴儿快速进入深度睡眠不利。对于入托的婴儿，保育师要从专业角度出发，为孩子养成良好的睡眠习惯。

入睡前。入睡前的安抚方式有许多种，要根据每个婴儿的特点提供适合他的安抚方式。例如，对某些物品有依赖的婴儿，可以给他们一些喜欢的玩具作为安抚物。在这一时期，要让婴儿学会自我平静。对声音比较敏感的婴儿，可以播放轻柔的音乐或提前录制妈妈的声音等。对于非常依赖保育师的婴儿，我们可以轻轻拍一拍婴儿的身体，帮助其入睡。入睡前的哄睡时间不宜过长，如果哄睡时间超过了 15 分钟，则暂停哄睡，要分析不能入睡的原因，并根据实际情况进行调整。

睡眠中。安静地陪伴在婴儿旁边，不要发出声响。

睡醒后。如果睡醒后婴儿哭泣，不必因焦虑、紧张而马上抱起他，而是先轻轻拍一拍给予两三分钟的安抚，如安抚过后孩子未能重新入睡或安静下来，则观察是否有其他需求。

（2）不要让婴儿含着奶嘴睡觉

有研究证明，含着奶嘴入睡，奶瓶内的奶水会浸泡在牙齿周围，容易滋生细菌。并且，奶水中含有的碳水化合物会被细菌分解成酸性物质，侵蚀牙齿，形成龋齿。因此，不要以喝奶作为哄睡手段，尽量在婴儿清醒时喝完奶，并及时拔掉奶瓶。

2. 婴儿在醒来时让其充分玩耍，保持心情愉悦，直到有疲劳的感觉

在白天醒着的时候，让婴儿充分地玩耍，适度的疲劳感可以助眠。在室内让婴儿积极练习爬行、扶物走路等，适当增加坐着做游戏的时间。可以给婴儿读简单的绘本，也可以与婴儿做一些简单的互动游戏。这一时期的婴儿更加需要户外活动，可以把婴儿放进多人推车里，到户外散步。如果遇到干净的草坪，也可以让婴儿在上面爬行。

3. 午睡时间不宜过长

为了不影响晚上的睡眠，午睡的时间不要过长。如白天在托育园里的睡眠时间太长，会导致回到家之后，晚上会完全睡不着或者睡眠时间变得过短。为了防止婴儿的生活规律变得混乱，需要考虑婴儿在保育园与家里的总体睡眠时间，午睡最晚 16 点就要结束。时间到了，用温柔的声音把婴儿唤醒。

4. 婴儿无法入睡时的处理

一是睡前不宜进行激烈的游戏或做太多互动。投入游戏中过于兴奋会让婴儿毫无睡意，因此，不要在睡前进行激烈的游戏，增加舒适的活动。

二是观察婴儿是否存在身体不适。当婴儿无法入睡时，要确认婴儿的状态。如出现一直辗转反侧、哭闹、呼吸急促或脸色与平时不同时要及时进行测体温等身体检查。如发现问题，要及时与保健医生及家长联系。

三是有时婴儿无法入睡是因为肚子饿了，没有吃饱。在这种情况下，要及时给婴儿加冲奶粉，让婴儿吃饱。吃饱后不要让婴儿马上入睡，可以先做简单的互动，再让婴儿安静下来并入睡。事后要重新调整奶量和辅食的量。

5. 要与家长合作，把握晚间的睡眠情况

为了把握婴儿在家里的睡眠状况，需要用联络本与监护人进行合作，确认婴儿的入睡与夜晚哭泣的状况，以及睡眠时间与喂奶时间。根据婴儿在家里的状况来调整其在托育园的午睡时间。

三、1～2岁幼儿的睡眠特点及照护

(一) 1～2岁幼儿的睡眠特点

- 上午时间段已基本不需要睡眠，午睡2～3个小时。
- 在午睡时有一次熟睡(中午之前进行大量活动)。
- 有夜晚哭泣的状况。
- 有完全睡不着的幼儿。
- 发育旺盛的时期需要长时间的睡眠。
- 在午睡过程中醒来还能入眠。
- 开始走路，运动量增加，能不分场合地入睡。

(二) 1～2岁幼儿的睡眠照护

1. 要培养幼儿规律的睡眠

这一年龄段的幼儿的大脑和身体还未成熟，身体机能还无法适应24小时的正常作息。对于该年龄段的幼儿来说，通过托育园的午睡来调整规律的生活节奏，并养成良好的睡眠习惯是非常必要的。从1岁开始可以给幼儿安排固定时间段进行午睡，并且让幼儿形成吃完午饭就要午睡的习惯。

2. 幼儿无法入睡时的处理

在这一年龄阶段，很多幼儿都可以在无安抚的情况下安静入睡。但是有一部分幼儿在没有特定的安抚物(如喜欢的毛巾和玩偶等)的情况下无法入睡。保育师可以适当提供这些物品，不要无故拿走，以便让幼儿安心睡觉。

3. 做好让幼儿随时入睡的准备

在这个时期，晚上幼儿能够睡整觉，午睡也从两次逐渐变成一次。但是每一个幼儿的体质及身心发展情况是不一样的。有的幼儿在上午也会显得非常困，甚至有的幼儿在吃饭时吃着吃着就睡着了。当幼儿吃饱时，大量的血液将涌入消化系统中，让大脑活动变得迟缓，吃饭时就容易睡着。针对这样的情况，保育师要灵活应对。当幼儿昏昏欲睡时，可以把他抱到休息区，放到床上让幼儿能够马上入睡。并且，在睡觉期间要避免其他幼儿打扰，保证其睡眠质量。休息区如有幼儿睡觉，保育师要守在身边，进行观察。

4. 要时刻关注幼儿的睡眠状况

对于睡眠的空间来说，需要创造幼儿能够舒适入睡的环境。这个时期，需要把幼儿放置在能够观察到他睡觉情况的地方。做到每5～10分钟观察一次幼儿，不要遗漏了幼儿细微的变化；在幼儿醒来的时候温柔地回应，与幼儿对话，给予安抚，让幼儿保持愉悦的心情；不要离开幼儿的身边，为了及时回应幼儿及确认幼儿的状态，需要待在离幼儿近的地方。

四、2～3岁幼儿的睡眠特点与照护

(一) 2～3岁幼儿的睡眠特点

- 如果因玩要而过度疲劳或过度兴奋的话，反而会导致睡眠质量差，不能熟睡且会中途醒来。
- 不用陪睡也能一个人睡觉。
- 一天的睡眠时间大概在11～12小时，午睡时间大概2小时。
- 有白天不睡觉的幼儿。
- 生活作息趋于规律。

（二）2～3岁幼儿的睡眠照护

睡眠

1．因兴奋而不能入睡时，要让幼儿在安静的环境下放松

睡前不安排激烈的活动或游戏，睡前活动可以为读绘本、讲故事、听音乐等，用安静的活动让幼儿放松下来。保育师可以在一旁提供照料，轻轻拍一拍幼儿的身体、握住幼儿的手或抚摸幼儿的头发等，让幼儿安静下来。

2．不可随意调整睡眠时间

幼儿睡不着或出现起床困难的原因是多种多样的。不要因为个别幼儿睡不着而把睡眠时间延后，或因为有部分幼儿起床困难而加长睡眠时间。如果每一天的睡眠时间都不一样，幼儿也会产生困惑，难以形成动力定型。

3．要积极回应幼儿在睡眠过程中产生的情绪

在睡前睡后，保育师要让幼儿始终保持愉悦的心情。在遇到幼儿睡前或睡后闹情绪时，不要盲目地制止幼儿表达情绪，甚至威胁幼儿“你再哭，老师就不喜欢你了”“你再哭，妈妈就不会来接你了”等。这样会导致幼儿在不安中进入睡眠，睡眠质量随之也大打折扣。保育师首先要接受幼儿的情绪，并且温和地劝导幼儿睡觉，如：“我知道你现在很想妈妈，你睡醒了妈妈就会来接你的”或“你睡着了，在梦里可能会见到妈妈呢”等。

4．注重入睡的仪式感，让幼儿形成良好的睡眠习惯

为了让孩子安心地入睡，午睡前可以让幼儿先上洗手间。回来后保育师可在旁协助，让幼儿换上睡衣。换好睡衣后躺好并盖好被子。到进入被窝为止的一系列动作，我们可以作为睡前“仪式”让其固定下来。可以适当给幼儿播放助眠音乐或给幼儿讲故事。最后给幼儿盖好被子，调整睡姿。（参见视频“睡眠”）

5．午睡中的看护

午睡时，需要时常关注幼儿的状态。幼儿在睡觉时一直乱动，有时会踢被。部分幼儿会因睡不着打扰其他幼儿睡觉，对于这样的幼儿要及时进行安抚。另外，有时幼儿会中途醒来，有时会因做梦而哭泣，因此需要保育师及时地回应。

任务 4 排泄与如厕照护

在某托育园的早教班，据负责本班级的老师反映，2 岁的小轩还在使用纸尿裤。老师觉得孩子大了，可以不使用纸尿裤，但是平时孩子从来都没主动提出要解便，每次直接尿在纸尿裤上，老师觉得如果摘下纸尿裤，孩子会直接尿裤子。因此老师不知道该怎么办。你觉得该不该帮孩子摘下纸尿裤？具体应该怎样操作呢？

遇到以上问题，很多托育机构的老师不知道摘掉尿不湿是老师的责任还是家长的责任。家长愿意带尿不湿到托育园，老师也觉得如厕训练非常麻烦，所以这件事情就很容易被搁置。一岁半过后的幼儿已经开始有了自主排尿、排便的意识，保育师稍加引导，很容易让其"上厕所"。具体的如厕训练可参考本任务内容。

任务要求

1. 理解各年龄段婴幼儿的排泄与如厕特点。
2. 可以根据婴幼儿各年龄段的需求提供正确的排泄与如厕照护。

核心内容

一、0～6 个月婴儿的排泄特点与照护

（一）0～6 个月婴儿的排泄特点

- 喂奶后排尿。
- 如果能区分昼夜的话，睡眠中尿液会减少，起床的次数会增加。
- 会因为感觉到尿布湿了而哭泣。
- 膀胱的容量是 5～80 mL。存不住的话，会在无意识的时候排尿。
- 排尿的次数一天在 10～20 次，没有昼夜区别。
- 存不住大便，出生后 5 个月前后 1 天排泄 1～4 次。排泄出淡黄色的大便。

（二）0～6 个月婴儿的排泄照护

1. 纸尿裤的更换

换尿布

更换尿布前先洗手，在更换尿布的过程中，保育师不得离开。接下来根据尿布的更换步骤更换尿布，并收拾换下来的尿布等。给婴儿换尿布的具体步骤请参考视频"换尿

布”。

2. 换纸尿布时的注意点

一是换尿布时，即使垫上了毛巾，也不要让婴儿的臀部直接接触尿布台。要么把新的纸尿裤垫在下面，要么把一次性隔尿垫放在下面。因尿布台由多个婴儿使用，婴儿的皮肤直接接触尿布台，将增加细菌感染的危险，无法保证卫生安全。

二是抬婴儿的屁股时，不要直接用力抬婴儿的脚，有可能引起脱臼。因此，应用一只手轻轻抬起脚腕以上的部位。

三是更换过后一定要注意卫生管理。为了防止传染病，更换尿布后保育师一定要洗手并消毒。当婴儿拉肚子时，用封闭性良好的一次性垃圾袋装好扔进垃圾桶里，根据情况来对尿布台进行消毒。

四是更换时，如果遇上婴儿的臀部出现了尿布疹，保育师应及时采取相应措施。因为婴儿的肌肤很娇嫩，尿布弄脏了很容易引起尿布疹。尿布弄脏了一定要及时更换，要一直保持清洁的状态。婴儿出现尿布疹的原因多为湿疹、摩擦及尿布更换不及时或尿不湿透气性差导致的高温、高湿等。为避免病情恶化，当遇上尿布疹时，垫上隔尿垫或干净的毛巾，适当让婴儿把臀部晾在外面，使皮肤保持干爽。也可适当给婴儿擦护臀膏。如已出现水泡、红肿糜烂，须告诉家长及时就医。

◆ 拓展阅读 ◆

目前市面上的纸尿裤上都有一条黄线，也叫尿显线。当尿显线遇到水，就会从黄色变成蓝色或蓝绿色。这样即使不打开也可以知道婴儿是否小便。但值得注意的是，当婴儿大便时，尿显线可能不变颜色，这时，我们要用闻气味或打开纸尿裤的方式来确认婴儿是否已经排大便。

3. 婴儿臀部的清洁护理

男婴：在给男婴清洁臀部时，要把阴囊的褶皱部位及阴囊背面清洁干净。用手把阴茎扶直，轻轻擦拭根部和里面容易藏污纳垢的地方，但不要用力撕扯，男婴有生理性包茎是正常现象，用力撕扯会使其受伤。

女婴：擦拭和清洁时，要从前向后擦拭，避免粪便污染外阴。同时，要注意清洁腹股沟（大腿根部）。清洗时，轻轻扒开大阴唇，用流水冲洗即可，不要用力摩擦。如果遇见少量白色或血色分泌物，用沾了温水的棉棒轻轻擦拭。

4. 把换尿布变成快乐的时光

在这个时期，多进行一些抚触是很重要的。利用更换尿布的契机，可以对婴儿进行肚子和脚的按摩，让婴儿有良好的抚触体验。例如，用两只手对婴儿的双腿进行上下伸展，握住婴儿的脚后跟，进行双脚交替的弯曲伸展。抚摸婴儿的整条腿，帮助婴儿促进下半身的血液循环；手掌摊平轻轻地、慢慢地在婴儿的肚脐周围进行顺时针旋转，这样可以让婴儿保持情绪稳定，促进肠道消化。

5. 对大小便的观察

为了检测和发现身体不良状况或传染病之类，要记录婴儿排泄的间隔时间，观察大便的状态、颜色、分量。另外，要与家长合作，信息的共享也是非常重要的。

二、7～12 个月婴儿的排泄特点与照护

（一）7～12 个月婴儿的排泄特点

- 如果开始吃辅食，大便会呈现固态，颜色也会变成茶色，也有便秘的可能。
- 出生后 9 个月左右开始，排尿的次数变成 1 天 10～15 次。
- 婴儿能够感觉到尿存满了，哭出声音来让人知道他有尿意。
- 膀胱的容量到 1 岁为止是 180 mL 左右。

· 排便的时候憋足气用劲，排尿的时候不动。

（二）7～12个月婴儿的排泄照护

1. 注意大便的状态

首先要注意有没有腹泻或便秘。我们要在日常生活中观察大便的状态，这不仅对传染病的预防有重要作用，也可对腹泻或便秘提供针对性的护理。

（1）腹泻的护理

在腹泻的护理中最重要的是防止脱水。脱水容易引起电解质平衡失调，严重时可引起休克。

① 补充水分。对于轻度脱水的婴儿，要及时补水。如伴随呕吐、喝水困难等要及时就诊。

② 提供清淡且有营养的食物。饮食一定要清淡，可以多准备蔬菜、水果，不要提供油腻或蛋白质含量高的饮食，这样会给肠道带来负担。

③ 注意保暖。婴儿腹泻时，一定要注意保暖，尤其是要做好肚子的保暖。如遇到夏天腹泻，可在婴儿的肚子上盖上薄毛巾等，以免着凉、腹泻不止。

（2）便秘的护理

6个月过后，辅食的添加很容易引起婴儿便秘。如婴儿出现便秘的情况，需通过调整奶粉、调整饮食结构、添加膳食纤维丰富的食物、补充水分及日常按摩等进行缓解。

> **拓展阅读**
>
> **脱水的症状**
>
> ➢ 轻微到中度脱水
>
> 体重减轻5%以下；
> 精神较好，但比较安静；
> 嘴唇干燥，哭时眼泪减少；
> 小便的次数比平常少。
>
> ➢ 严重脱水
>
> 体重减轻5%～10%；
> 嗜睡或极度不安；
> 眼窝下陷；
> 囟门下陷（1岁以下婴儿）；
> 皮肤干燥、苍白、有褶皱；
> 小便很少。

① 调整奶粉，补水。首先，要确认奶粉说明书，是否按照要求进行冲泡，如果奶粉的浓度过高，容易导致婴儿便秘。如果浓度没有问题，就要确认奶粉的配方表，尽量选择添加了益生元、益生菌等有肠道调理功能的奶粉。其次，便秘期间可适当让婴儿增加饮水量。

② 调整饮食结构。容易便秘的婴儿，不宜吃过多含蛋白质的食物，蛋白质摄入过多，容易引起大便干燥。可以多吃蔬菜、谷物类的食物。此外，可以在辅食中添加一点油，可使大便通畅。

③ 添加膳食纤维丰富的食物。膳食纤维无法被人体消化，有助于缓解便秘。水果、蔬菜尽量不要打成汁水，这样容易让食物失去膳食纤维。对于9个月以上的婴儿，可适当提供细碎的蔬菜、水果，以此缓解便秘。

④ 提供日常护理。经常按摩肚子，以顺时针画圈的方式进行按摩，促进肠胃蠕动；日间多运动；即使不想排便，也可以坐在马桶上尝试排便。

2. 换尿布的时机

如果发现婴儿突然站着不动，或躺着不动，有哭泣、脸变红或憋足气用力等情况，要确认是否在排便，如果排便了，就要更换尿布。排尿的情况比排便的情况更难发现，就算没有见到这些前兆也要定期进行确认。

3. 顺利进行尿布更换的诀窍

随着年龄的增长，婴儿变得越来越活跃，尤其是学会爬之后，婴儿容易“逃脱”，换尿布似乎也变得越来越难。这时，如果是威胁、恐吓，只会让婴儿哇哇大哭，更不会配合。而应温柔地告诉婴儿“要换尿布了哟！”，并且把婴儿喜欢的玩具交给他，用转移婴儿注意力的方式让换尿布顺利进行。

三、1～2 岁幼儿的如厕特点与照护

（一）1～2 岁幼儿的如厕特点

- 排泄的间隔超过两个小时，排尿的次数 1 天 10 次左右，排便的次数一天 1～3 次。
- 感觉到便意的时候，抓住桌子憋足气用劲。
- 幼儿穿着尿布，当感觉到尿意时，也会用行为动作或简单的语言传达出他已经解便。
- 对厕所或室内用马桶产生兴趣，想尝试着使用一下。

（二）1～2 岁幼儿的如厕照护

1．找准时机，为幼儿进行如厕训练

（1）观察幼儿的排尿间隔时间

保育师要密切观察幼儿是否具备如厕训练的能力。例如，白天的排尿间隔时间是否为 2 小时左右；在午睡前为幼儿换尿布后，观察午睡后有没有打湿裤子；相比于之前，尿量是否明显增多。

（2）观察幼儿的语言

在语言的表达方面，幼儿在一岁半过后，随着自主排便意识的增强及语言能力的发展，在有尿意的时候，会对保育师说“尿尿”“嘘嘘”之类的话，主动告诉大人。保育师可以根据幼儿的语言，判断如厕训练的时机。在语言的理解方面，幼儿在 2 岁左右能在一定程度上理解一些与感觉相关的语言，保育师可以与幼儿沟通是不是感觉到了尿意等，这样可以让如厕训练变得更加轻松和容易。

（3）观察幼儿的运动能力

观察到幼儿的大动作发展有较好的水平。例如，就算保育师不扶，幼儿也可以一个人走路或可以扶着栏杆上下台阶等。另外，坐姿稳定也说明可以对其进行如厕训练了。

（4）表现出对厕所的兴趣

幼儿表现出对厕所或移动马桶感兴趣，或观察到幼儿对其他小朋友穿内裤比较好奇，并很在意自己穿的是不是内裤。

（5）尊重幼儿的个体差异性

每一个幼儿的发展都是不一样的，因此，保育师要根据幼儿的具体情况对幼儿进行如厕训练。例如，有的幼儿到了一岁半，膀胱的括约肌已经较成熟，可以较好地控制排便，但有些幼儿到了两岁半或者更晚才会出现自主排便的需求。保育师要观察每一个幼儿的状态来进行如厕训练是非常重要的。另外，如厕训练是一件成功和失败不断循环的事情。保育师要理解这件事，不要因为失败次数多而气馁或在幼儿之间做对比，这样不仅给自己增加压力，也会给幼儿造成无形的压力。

2．如厕训练的步骤

可以通过看绘本、给幼儿讲如厕方法、实际观察、实际体验等方式引起幼儿对自主排便的兴趣，前期以兴趣培养为主，时间成熟，果断为幼儿换上小内裤，让幼儿感受接触到排泄物的不适感，如果一直穿着纸尿裤，感觉不到潮湿，幼儿就很容易忽略自己已经排便了。因此，在日本某些保育机构依然沿用传统的尿布，目的就是让幼儿早日学会上厕所。如厕训练的具体步骤请参考视频“如厕”。

3．如厕训练时的注意点

上厕所的训练首先从让幼儿坐在马桶上开始。幼儿如果表现出讨厌的情况下不要无故地强制其做不愿意做的事情，而是利用下次大家如厕的时间让其重复训练，并逐渐让幼儿习惯。

每次如厕训练时间不宜过长，5～10 分钟为宜。每天可以根据幼儿的一日生活中的如厕时间，给幼儿进行训练。

建立排便表，记录幼儿每日排便的情况，以便发现幼儿的排便规律，也便于和家长沟通。

4. 厕所的环境

对于厕所的环境，要时常保持清洁、明亮的状态。坐便器的盖子要盖好，且在坐便器上铺上垫子，也要提前准备能够让幼儿脱裤子的空间。

5. 家园合作

在如厕训练上，提前询问家长的想法，并且保持沟通和联络。首先，对于如厕训练，与家长密切联络的同时，要与家长达成共识。把在托育园里幼儿如厕训练的情况，如托育园的应对措施、幼儿的状态、排便间隔时间等告诉家长，并得到相应的支持，在家也能让幼儿接受同样的训练，确保教育内容保持一致。其次，对于不配合的家长，要耐心讲解如厕训练的重要性，告诉家长幼儿在托育园里的良好表现，鼓励家长，建立家长这一方面的育儿信心。

四、2～3 岁幼儿的如厕特点与照护

（一）2～3 岁幼儿的如厕特点

- 膀胱的容量达到 200 mL，且能存尿，排尿的次数 1 天 7～9 次，排便的次数 1 天1～2次。
- 幼儿能感觉尿意，能提前告知大人，并能够自我控制。
- 早晨醒来或午睡过后，有不弄湿尿布的情况。

（二）2～3 岁幼儿的如厕照护

1. 建立良好的如厕习惯

(1) 在托育园一日生活中的固定时间，引导幼儿如厕

如厕

2 岁的幼儿已经能明显感觉到尿意，这一年龄阶段非常适合进行如厕训练。保育师可以在幼儿游戏结束后、饭前、饭后或午睡前后对幼儿进行如厕引导，直到幼儿能按照保育师的要求行动为止。

(2) 对幼儿表达“想上厕所”进行表扬，并和幼儿一起去厕所

这个时期的幼儿，当感觉到尿意，也能忍住并告知保育师自己想上厕所。这时，保育师要对幼儿进行表扬，明确告诉幼儿，主动告诉老师想排便是非常好的行为。即使有时幼儿告知保育师过后，来不及等到去厕所就已经排便，这时也要好好表扬幼儿，如“让老师知道了你要解便，你做得很好！”等。

(3) 用耐心让幼儿学会自立

如厕训练是一个长期的课题，就算幼儿能够表达尿意且顺利地上了厕所，有时也会突然做不好，退步到经常尿裤子，这种情况屡见不鲜。保育师要秉持“失败是一件很正常的事情”的想法，不要焦虑。在很多托育园里，教师们为了提高效率，喜欢为幼儿包办。幼儿穿裤子穿得慢是一件很正常的事情，而且这一年龄阶段的幼儿是通过生活去学习的。因此，保育师不可剥夺幼儿学习的权利，要耐心引导幼儿自己提裤子。但当幼儿遇到困难时也不能一味旁观，保育师要给予适当的帮助。例如，当幼儿裤子提到一定位置提不上去时，可以帮其穿好，但在穿的过程中要为幼儿总结经验，且告诉幼儿怎样才能穿上。

(4) 让幼儿养成保持厕所整洁的习惯

厕所的环境要保持整洁干净，不仅需要保育师进行清洁消毒，也需要幼儿的努力。从小要给幼儿养成保持整洁的习惯。首先，要告诉幼儿在排便过程中不能随意起身，这样很容易弄脏马桶周围；其次，用完马桶后，要让幼儿用消毒湿纸巾把马桶坐垫擦一下，以便下一位小朋友使用马桶时是干净的；最后，一定要引导幼儿冲水。无论擦得干净与否或冲水是否干净，引导幼儿养成保持厕所干净整洁的习惯是非常必要的。

2. 当幼儿如厕失败时的应对

对于2～3岁的幼儿，会出现有时还没到厕所，就已经排便了的情况，这时绝对不能斥责幼儿，而是要对幼儿说一些让其安心的话。这一年龄阶段的幼儿已经开始对周围的评价感到敏感，让幼儿感受到羞耻的评价很容易造成其不愿意表达排便意愿。长期下去，可能会形成恶性循环，让幼儿对排便产生焦虑，经常憋大小便，不愿意告诉保育师，直到憋不住弄脏裤子。因此，不要呵斥也不要责备，把幼儿带到其他人看不见的地方，把幼儿的屁股擦干净且迅速换上干净的衣服。并且，可以对幼儿说“失败很正常，没关系”等，让幼儿放宽心。

3. 关于男孩用小便池

男孩在使用小便池的时候，保育师要在一旁看着。把幼儿带到便池前，扶着幼儿的背，让幼儿靠近便池，并告诉幼儿挺起肚子。最后告诉幼儿要冲水。

4. 厕所的环境

除了保持整洁以外，还可以在厕所的门或马桶上贴一些相关的有趣图案等，让幼儿对如厕感兴趣，认为上厕所是一件有趣的事情。保育师可以以游戏模拟的形式引导他们上厕所。例如，对幼儿说“去和兔子宝宝见面吧”之类的话。

5. 家园合作

把幼儿在托育园里成功上厕所的经验传达给家长，或把幼儿在托育园里能向保育师表达尿意、便意的情况告诉家长，鼓励家长在家为幼儿进行如厕训练。

◆ 拓展阅读 ◆

大便的鉴别

1. 健康的大便

(1) 出生后10～12小时：胎便

胎便是婴儿在子宫里积攒的排泄物，颜色呈墨绿色，较黏稠、无臭味。

(2) 0～6个月婴儿：乳喂养

母乳喂养：大便次数为2～4次/天，颜色呈蛋黄色、软膏状、稍微有酸臭味。母乳喂养的婴儿排便量较少，大便较稀。

奶粉喂养：大便次数为1～2次/天，颜色呈黄色、稍黏稠、臭味大。

(3) 6个月～1岁：辅食阶段

因这一时期的婴儿的肠道功能还未发育成熟，因此容易根据大便的颜色来判断吃过的食物。例如，吃了绿色蔬菜，大便呈绿色；吃了火龙果，大便呈红色；如吃了一些不易消化的颗粒状食物，如玉米粒，可能就会出现大便残渣，但整体上会呈较黏的糊状。

(4) 1岁以后：正常餐食

随着消化系统的不断完善和咀嚼能力的进一步发展，这一时期的幼儿的大便已接近成人，会呈现金黄色条状。

2. 需关注的大便

(1) 消化不良引起的大便

当蛋白质消化不良时，大便会变臭；淀粉类食物摄取过多会出现酸味泡沫便；当脂肪消化不良时会出现带有酸臭的油脂便；当有未消化的脂肪与钙时会出现带奶瓣的大便。

(2) 因疾病引起的大便

血便有可能是肠梗阻或肠套叠引起的；白色便说明可能肝脏、胆道出了问题；黑褐色便可能是

上消化道出血导致；带血泡沫的绿稀便可能是受了感染。

(3) 便秘

当发现婴儿拉出干硬、球状且因肛裂而带血或婴幼儿在大便时表情痛苦，就要怀疑是便秘了。在正常情况下，如果婴儿2天(48小时)没有排便，就很可能已经出现了便秘。如出现便秘的现象，需要进行针对性的调理。

(4) 腹泻

如果出现了蛋花/水状及黄绿色、有腥臭味且大便次数明显增多，可以判断为腹泻。

模块小结

在本模块中，主要介绍了婴幼儿喂养、穿脱与清洁、睡眠照护及排泄的护理方法。在护理过程中，除了操作的规范性，保育师要善于观察，并通过观察积极回应婴幼儿的情感需求。做到保中带育，实现回应性照护。

在线练习

思考与练习

一、选择题

1. 以下内容中不属于2岁幼儿进餐过程中的保育内容是(　　)。
   A. 教会用餐礼仪　　B. 不断催促吃饭慢的幼儿
   C. 提供幼儿感兴趣的餐具　　D. 给幼儿讲解食物的营养价值
2. 当婴儿到(　　)左右时可提供辅食。
   A. 3个月　　B. 6个月　　C. 9个月　　D. 12个月
3. 2岁幼儿不愿意换衣服时最好的处理方法是？(　　)
   A. 讲道理，讲到说服幼儿为止　　B. 威胁幼儿，“不穿衣服就不让你玩玩具了”
   C. 等幼儿愿意时再穿　　D. 以游戏的形式让幼儿穿衣、脱衣
4. 以下说法中错误的是？(　　)
   A. 要培养幼儿形成规律的睡眠　　B. 幼儿无法入睡时禁止带安抚玩具上床
   C. 睡前仪式是必要的　　D. 要时刻关注幼儿的睡眠状况
5. 以下不属于如厕训练时的注意点的是(　　)。
   A. 上厕所的训练首先从让幼儿坐在马桶上开始
   B. 每次如厕训练时间不宜过长，5～10分钟为宜
   C. 建立排便表，记录幼儿每日排便的情况，以便发现幼儿的排便规律
   D. 当幼儿不愿意上厕所时，要给他穿上纸尿裤

二、判断题

1. 幼儿2岁了，应该让他们自己吃饭。　　(　　)
2. 一岁半的幼儿可以自己洗手，不需要保育师的帮助。　　(　　)
3. 为了保证婴幼儿良好的午睡质量，房间越暗越好。　　(　　)
4. 两岁半的幼儿因年龄小，不需要教他们冲马桶。　　(　　)

5. 2 岁的幼儿能感觉尿意。 （ ）

三、简答题

1. 1 岁 6 个月的幼儿进餐特点都有哪些？
2. 添加辅食的最佳时期是什么时候？添加过程中的注意点都有哪些？
3. 2～3 岁幼儿的睡眠特点有哪些？
4. 腹泻该怎样护理？
5. 1～2 岁幼儿有哪些如厕特点？

四、设计、论述题/实务训练

论述题：

幼儿食欲不佳，一日三餐都会剩很多饭菜，该怎样解决？

实务训练：

1. 试一试给 10 个月左右的婴儿换衣服。
2. 试一试给 2 岁幼儿洗澡。
3. 试一试给婴儿换尿不湿。

聚焦考证

1. 在幼儿的进餐过程中，保育师的指导内容是（ ）。【上海市保育员初级、中级真题】
   A. 训斥不好好吃饭的幼儿　　B. 指导幼儿细嚼慢咽
   C. 争当第一名　　D. 建议吃汤泡饭
2. 幼儿进餐的保育任务不包括（ ）。【上海市保育员初级、中级真题】
   A. 保证幼儿愉快进餐　　B. 进餐要定时、定量、定点
   C. 培养幼儿良好的饮食习惯　　D. 培养幼儿的进餐能力
3. 保护口腔清洁卫生的重要措施是（ ）。【育婴员中级、高级真题】
   A. 洗脸和梳头　　B. 洗头和洗脚　　C. 漱口和刷牙　　D. 坚持喝清水
4. （ ）不属于训练宝宝穿脱衣服的正确方法。【育婴员中级、高级真题】
   A. 建立良好的行为习惯　　B. 耐心指导
   C. 帮助掌握基本要领　　D. 责令宝宝快速地配合
5. 避免婴儿便秘采取的措施不正确的是（ ）。【育婴员中级、高级真题】
   A. 增加饮水量并每天适当进行腹部按摩　　B. 减少食量并每日进行腹部按摩
   C. 增加饮水量，减少食量　　D. 多吃高热量的食物
6. 以下表述正确的是（ ）。【育婴员中级、高级真题】
   A. 便盆放置地点不限
   B. 便盆应买大一点的，以免把大小便弄到外面
   C. 大小便时可以让婴儿玩玩具或吃点零食
   D. 每次坐盆的时间不要过长，一般为 3～5 分钟

模块四
婴幼儿心理发展及回应

模块导读

当前，越来越多研究证明了早期教育的重要性，《国家中长期教育改革和发展规划纲要（2010—2020年）》指出要“重视0～3岁婴幼儿教育”。要对0～3岁婴幼儿实施正确的照护及回应必须以尊重其身心发展特点为基础。那么，0～3岁婴幼儿心理发展的一般特点是什么？各个年龄段婴幼儿动作、语言与认知、情感与社会性方面发展的特点是什么？保育师如何根据其发展特点进行回应性照护呢？在照护的过程中如何做到“教养结合”呢？在本模块中，将围绕0～3岁婴幼儿心理发展的各个方面的特点及回应性照护展开阐述。

学习目标

1. 尊重婴幼儿心理发展特点，树立以德立身、以德立学、学为人师的准则，以身作则地引导婴幼儿健康成长。
2. 掌握各年龄段婴幼儿心理发展的一般理论及动作、语言与认知、情感与社会性发展的一般特点。
3. 掌握婴幼儿动作、语言与认知、情感与社会性等方面的照护技能。
4. 在照护婴幼儿的过程中重视回应，做到教养结合。

内容结构

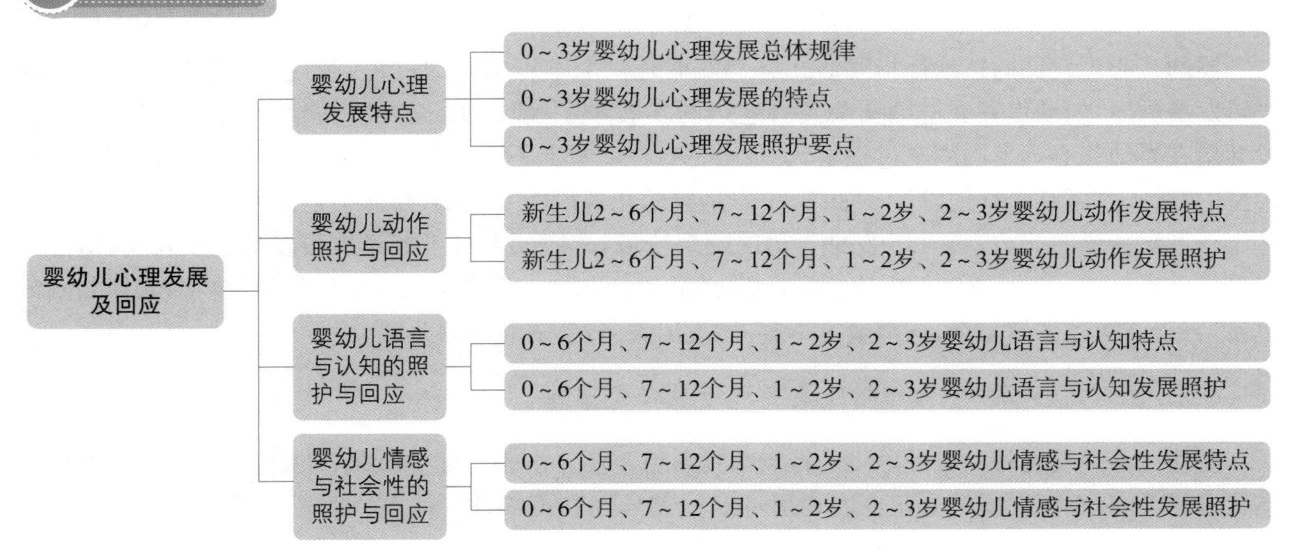

任务1 婴幼儿心理发展特点

案例导入

生活中,我们常听到一些妈妈们在带养0～3岁婴幼儿时,发出的一些疑问和抱怨声,如:我的宝宝8个月就会叫“gege”了,是不是超常儿童?宝宝没有爬就走了,会不会影响宝宝的发育?2岁的宝宝爱哭闹,不知道为什么,不知怎么处理。0～3岁婴幼儿为什么会出现这些情况?0～3岁婴幼儿心理发展的一般特点是怎样的?本任务将围绕0～3岁婴幼儿心理发展的总体规律及特点进行阐述。

任务要求

1. 了解婴幼儿心理发展的总体规律。
2. 简述婴幼儿心理发展的一般特点及照护要点。

核心内容

意大利著名教育家蒙台梭利说:“人生的头3年胜过以后发展的各个阶段,胜过3岁直到死亡的总和。”我国也有“3岁看大,7岁看老”的俗语。可以说,0～3岁婴幼儿的发展为其儿童成熟期的心理发展奠定了基础,人的基本语言能力,人的典型动作和行为方式与能力,人的感知觉、记忆及思维能力,人的基本情绪和情感获得等,都是在这一阶段初步形成。

一、0～3岁婴幼儿心理发展总体规律

(一)婴幼儿心理发展具有连续性及年龄阶段性

婴幼儿心理发展的连续性指婴幼儿心理发展是一个不可中断的过程,而且这一过程有其自身的逻辑发展顺序,如动作发展遵循从头到脚连续的发展顺序,即抬头、坐、爬、站立、行走、跑等。年龄阶段性指在婴幼儿心理发展的全过程中,表现出一些在质量上不同的年龄特点,每一年龄阶段都有其最典型的特征,以区别于其他阶段。如0～1岁是婴幼儿言语的发生期,婴儿会逐渐发出“咿呀”的音节,并出现理解言语的能力;1～1.5岁是言语的理解阶段,此时幼儿虽不能说出很多词汇及长句,但能理解日常言语;1.5～3岁是言语活动发展阶段,此阶段幼儿的言语表达能力发展很快,单字句、短句到简单句,言语结构越来越复杂,词汇量更丰富,能说出姓名,会唱简单的儿歌。

(二)婴幼儿心理发展各年龄段具有稳定性和可塑性

婴幼儿心理发展每一年龄阶段的特点都具有稳定性。由于所处的时代、社会和教育条件、身心成熟状态的不同,心理发展的变化也表现出一定的差异性和可塑性。从前一阶段向后一阶段过渡的时

间或早或晚，但阶段不能跳跃，如不会抬头的孩子无法坐和爬行，顺序是一致的。在每一阶段，各种心理发展变化的过程或速度也会有个体差异，但差异是在量的水平上，而非质的水平上。

（三）婴幼儿心理发展是整个儿童心理发展的早期阶段

0～3 岁是婴幼儿生长发育及心理发展最快的时期。例如，新生儿脑重只有 350～400 g，是成人脑重的 1/3 左右；9 个月婴儿的脑重约 660 g，是成人脑重的 1/2 左右；3 岁时已达到 1 100 g 左右，是出生时脑重的 2.5 倍左右。婴儿出生时还不会说话，到 3 岁左右，已经可以理解和说一千多个词汇。新生儿主要靠感官认识周围的世界，3 岁时不仅有了相当的观察、记忆、思维的能力，而且情绪和情感也大大丰富了。这一时期的心理发展为儿童期整个心理发展奠定了基础。

二、0～3 岁婴幼儿心理发展的特点

婴幼儿心理发展包含了动作、语言与认知、情感与社会性等诸多方面，这些方面的心理发展的一般特点表现如下。

（一）动作方面

婴幼儿随着大脑皮质功能的逐渐发育及神经髓鞘的不断形成，其动作发育逐渐成熟，主要遵循从上到下、由近及远、由不协调到协调、由粗到细的发展规律。

大动作方面的发展主要为从新生儿期自发无目的的散漫性动作到可以抬头、翻身、坐、爬、站立、行走、跑、跳等；精细动作为抓、握、拿、抛、捏、夹、插、画等。

（二）语言与认知

1 岁前婴儿主要通过感知觉探索周围的世界。新生儿期就有了各种感觉能力，如视、听、嗅、味、皮肤觉等，到 8 个月开始出现深度知觉，10 个月到 1 岁会逐渐认识物体的永存，2 岁可掌握日常生活物体的名称，3 岁左右能辨别大小、上下空间方位。婴幼儿 3 个月左右可以集中注意于某个感兴趣的新鲜事物，5～6 个月能够比较稳定地注视某一物体，但持续时间较短。1～3 岁以无意注意为主，3 岁有意注意开始萌芽。1 岁前婴儿记忆力很差，只能再认无法再现，1～3 岁仍以无意记忆为主。根据皮亚杰的观点，0～2 岁婴幼儿以感知动作思维为主，又称直觉行动思维，3 岁具体形象思维开始萌芽。

0～3 岁是婴幼儿语言发展的关键时期。新生儿期啼哭，2 个月能发原音 a，u；6 个月会发唇音；8 个月可以发重复音节（baba，mama），但无特定意义；9～10 个月会模仿发音，能听懂成人的某些要求并做出反应（如“拍手”“再见”等）；1 岁时能够听懂成人的某些词语；1 岁以后能够说出某些词，但是数量较少；一岁半后婴幼儿语言能力发展迅速；2 岁后能够讲 2～3 个词构成的简单句；3 岁以后婴幼儿就可以掌握 1 000 个左右的词汇，能够说出日常生活中人物的名字，会唱简单的儿歌。

实践　2 岁的幼儿喜欢说“不”，为什么呢？

“不”是 2 岁左右幼儿最常用也最顺口的字眼。2～4 岁婴幼儿迎来了第一反抗期，随着婴幼儿自我意识的发展，初步认识了作为个体“我”和“我”的力量。幼儿 2 岁时开始产生与成人不合作的行为，这是婴幼儿自我意识发展的表现，是婴幼儿心理迅速成长的表现。2 岁是婴幼儿获得自主性的关键时期，他们已经开始有自己的主意，不愿意听从大人的某些指令。

（三）情感与社会性

0～3 岁婴幼儿情绪及情感对其生存与发展具有十分重要的作用，它是激活婴幼儿心理活动和行为的驱动力。良好的情绪及情感体验会激发婴幼儿积极的探索欲望与行动，以寻求更多的刺激，获得更多的经验。0～3 岁婴幼儿情绪及情感的最大特点是冲动、易变、外露，并且随年龄增长呈反向增长的趋势，年龄越小，特点就越突出。此外，这个年龄的婴幼儿情绪变化更多是受外界环境变化的影响。

0～3 岁婴幼儿情绪及情感大约有 10 种类型，例如愉快、伤心、惊奇、厌恶、痛苦、愤怒、惧怕、难过等。这些情绪是伴随着婴幼儿出生、发展以及成熟而逐渐出现的，也有其阶段性和诱因。如婴幼儿的痛苦情绪一般是在出生后 1～2 天，机体生理刺激是其诱因；愉快情绪一般出现在出生后 3～6 周，高频语声与人的面孔刺激是其诱因；害羞情绪一般在 8 个月左右，熟悉环境中陌生人的接近是其诱因。

此外，0～3 岁是自我意识发展的重要时期。自我意识是意识的一个重要方面，是人的个性特征的重要标志之一，它包括自我感觉、自我评价、自我监督、自尊心、自信心、自控力等。1 岁之前的婴儿是没有自我意识的。1 岁左右的婴幼儿在活动过程中通过自我感觉逐渐认识作为生物实体的自我。2～3 岁幼儿随着生活范围的扩大、社会经验与能力的增长以及语言的发展，自我意识得到极大发展。自我意识的发展促使婴幼儿拥有更多更丰富的情绪、情感。

婴幼儿的社会性是随着婴幼儿个体发展不断产生、发展和变化的。0～1 岁阶段，婴幼儿社会人际关系主要是亲子关系，即婴幼儿与父母的交往关系。婴幼儿在被父母关怀、照顾的过程中，通过父母的肢体和皮肤接触、感情展示与语言刺激，社会性获得了较大发展。1～2 岁阶段，婴幼儿人际关系从亲子依恋关系逐渐变为玩伴交往关系。玩伴交往关系在人的一生发展中起着重要的作用，它对婴幼儿的心理健康产生重要影响。婴幼儿 3 岁以前的玩伴关系一般是一对一的活动，但 3 岁以后玩伴关系可能就超越了一对一活动范畴。

三、0～3 岁婴幼儿心理发展照护要点

（一）教养融合、科学养育

婴幼儿身心健康是其发展的基础。在婴幼儿保教工作中，应把婴幼儿的健康、安全及养育工作放在首位，坚持保育与教育相结合，保中有教，教中有保，教养融合，甚至医保结合，促进婴幼儿身心和谐发展。如合理安排婴幼儿膳食营养，饭菜少盐少油，做好"养"的同时，注意培养其进餐习惯，要根据婴幼儿年龄特点鼓励其独立进餐，既培养其良好的生活习惯，也锻炼其精细动作。

（二）因人而异、顺应发展

尊重 0～3 岁婴幼儿身心发展的基本特点，把握其各个成长阶段的发展需求及潜能，理解相应的照护要点并关注个体发展差异，顺应婴幼儿学习的特点及学习方式，创设安全、适宜、优质的照护条件，如提供安全、适宜、有趣的玩具、盥洗设施、运动器械等。除了照护设施，还要提供轻松、温馨、安全的心理环境，循序渐进地促进婴幼儿心理各方面的发展。

（三）关注需求、有效回应

婴幼儿由于语言表达能力较弱，还不能很好地表达自己的需求，因此，保育师要重视婴幼儿的情感关怀，切实关注其成长中的心理需求，尤其是对安全、爱与尊重的心理需求，关爱婴幼儿，赋予亲情，满足其心理需求。在此基础上，创设良好的环境，重视婴幼儿在运动、语言与认知、情感与社会性等方面的发展节律，敏感且有效地回应，适时干预并积极支持其发展，并利用日常生活与游戏活动中的学习情景，培养婴幼儿的良好习惯，促进其心理健康发展。

任务 2　婴幼儿动作照护与回应

案例导入

11 个月的优优，家长听说爬行对宝宝手臂和腿部的发育非常重要，但自家宝宝不会爬行就直接开始走路了。家长咨询托育机构的老师，说："我家宝宝的情况没问题吧？"托育机构应该如何回应呢？爬行对于婴幼儿发展有哪些作用呢？

婴幼儿动作发育遵循了一定的顺序，每项动作的发展对于婴幼儿的成长都发挥着重要作用，爬行更有利于增强婴幼儿上身的力量及大腿内侧的张力、刺激前庭觉等。除了爬行，婴幼儿抬头、坐、行走、跳、平衡等各种大动作的发育特点如何？托育园又应该如何回应和照护呢？本任务将对婴幼儿的运动发育特点及回应进行阐述。

任务要求

1. 理解各年龄段婴幼儿动作发展的特点。
2. 根据婴幼儿各年龄段动作发展特点提供正确的照护与回应。

核心内容

为了给婴幼儿提供良好的动作发展机会，保育师需了解婴幼儿的成长轨迹。"拔苗助长"或"一味放任"都对婴幼儿的成长不利。保育师要有意识地协助婴幼儿动起来，让婴幼儿的动作得到更好的发展。

一、新生儿原始反射及照护

（一）新生儿原始反射

这一时期的婴儿还没有形成自我意识，大部分行为都出于本能，也称为反射。

原始反射：出生后 4～6 个月时，婴儿对外界的刺激会产生非意志性的条件反射反应，这就是原始反射。

捏握反射：新生儿至 6 个月左右的阶段，大人触碰婴儿的手掌心和脚背时，婴儿会自然地将手指弯曲起来将小手握成拳头，这就是捏握反射。

Moro 反射（惊跳反应）：新生儿至 6 个月左右的阶段，在其周围制造出声响的话，婴儿会自然地伸展开双手，表现出 Moro 反射反应。

吸吮反射：新生儿至 6 个月左右的阶段，婴儿会自然地对放入他口中的东西用嘴进行吸吮，这就是吸吮反射。

（二）新生儿原始反射照护及回应

新生儿大部分的身体活动与反应都源于原始反射，虽然有个体差异，但大部分婴儿在 5～6 个月时，原始反射消失，身体逐渐能随意运动。保育师或家长可以在喂奶时，或者婴儿醒着且心情不错时，怀抱起婴儿并轻声与其对话。

二、2～6个月婴儿动作发展特点及照护

（一）2～6个月婴儿动作发展特点

新生儿出生后，渐渐地颈部能有力地支撑头部，手脚能运动起来，随后还会翻身、爬行等，身体发育迅速。这一时期的目标是让婴儿在安全、方便活动的环境中，体验抬头、翻身等动作。

1. 1～2个月

· 开始用视线追逐移动的物体。

· 双手总是握成小拳头。

· 仰面朝上，左右身体摆出不对称的姿势。

2. 3个月

· 身体朝下趴着，能稍稍抬起头来。

· 颈部逐渐有力。

· 能握住手边的物体。

3. 4个月

· 婴儿的小手展开，不再握着小拳头。

· 会左右晃动小脸。

· 颈部越来越有力。

· 会自发地去抓住大人递过来的东西。

· 仰面朝上，左右身体能摆出对称的姿势。

4. 5个月

· 身体朝下趴着时，能向上抬起胸口，用腕部力量支撑着自己的身体。

· 会翻身。

· 在保育师的支撑和帮助下能坐起来。

（二）2～6个月婴儿动作发展照护及回应

1. 保持正确抱姿，保护婴儿颈部

在新生儿的颈部能独立支撑起来前大人要坚持横抱婴儿（图4－1）。拉着婴儿的双手往上轻轻提起，看婴儿的头是否能随着身体的上提一起支撑着向上，据此来判断婴儿的颈部是否已经能够支撑头部，如果能支撑，可以试着竖抱（图4－2）；如果不行，要保持水平的姿势抱，用手肘处支撑婴儿的颈部。

图4－1　横抱

图4－2　竖抱

若婴儿的颈部发育到能支撑起头部，就可以竖抱。如果婴儿的头部不再偏来倒去，而是以颈部支撑头部，保育师可以立起婴儿的身体，用手托着婴儿的臀部和背部竖着抱。

2. 伸展婴儿身体及四肢，增强其四肢力量及灵活性

轻压腿：保育师用手握着宝宝的两只脚掌，让婴儿的双膝弯曲后轻轻地往下折压其双腿，压下去后婴儿会用力蹬起双腿，重复这个动作，有助于婴儿腿部力量的增强，过程中请一定掌握好力度。

伸展双臂：保育师轻轻地握住婴儿的两只手，向左右两端伸展开后再向胸前合拢，反复重复该动作。

伸展身体：保育师用手掌轻抚婴儿全身，从肩部到腹部，从手脚到指尖等，反复该动作可促进婴儿膝关节的伸展。

3. 与婴儿进行俯卧游戏，并积极与婴儿对话

保育师要多与婴儿俯卧相对。婴儿2～3个月时，保育师就可以与婴儿进行俯卧游戏了。在婴儿身下垫上软垫或者把浴巾折起以支撑他的身体，保育师趴在婴儿对面吸引其抬起头来脸朝前方，可以轻声与婴儿对话，或拿起玩具逗婴儿玩耍等。

让婴儿趴在大人肚子上或双手托住婴儿，让婴儿与自己面对面，对婴儿轻声说"我们要一起滚圈圈了哦"，然后抱紧婴儿左右轻轻滚动。

4. 与婴儿玩翻身游戏，用表情及语言积极回应婴儿

（1）用玩具逗婴儿

与躺着的婴儿面对面，朝婴儿翻身的方向伸出手去抓住婴儿的小手，辅助婴儿翻身。还可以在婴儿翻身的方向晃动响声玩具，引起婴儿的注意，提高他想要朝声响处翻身的欲望（图4－3）。

（2）用手扶住婴儿的腰部辅助其翻身

这一阶段的婴儿越来越想要自己伸手去抓玩具，因此，保育师可以用手轻轻地扶住婴儿的腰部，慢慢地、温柔地帮助其翻身。等婴儿翻过身来俯身趴着后，可开心地鼓励和赞美婴儿："宝宝真棒！学会翻身了！"

图4－3　逗婴儿，帮助其翻身

实践　宝宝不会翻身

Q：我家宝宝已经8个月了，可还是不会翻身。我很担心，宝宝会不会是发育迟缓呀？

A：颈部能有力地支撑头部、能独立坐起来是每个宝宝的身体发育都必然经历的两个关键节点。而翻身并非每个宝宝都会出现的行为，有的宝宝在不会翻身的情况下就能直接坐起来，还有的宝宝不会翻身就能俯身爬行。8个月的宝宝，如果在没有大人的帮助下就能直接坐起来，那宝宝的发育就没有问题。父母可以将宝宝仰面放平躺着，提起宝宝一条腿轻轻地扭动，帮助和引导宝宝做翻身动作，当宝宝的身体横立起来后，再轻轻地按压宝宝的背部，协助宝宝将整个身体翻过去。

如果宝宝颈部始终不能有力地支撑起头部，或宝宝完全不能独立坐起来，最好请父母及时带宝宝到专业儿科就诊。

三、7～12个月婴儿动作发展特点及照护

这一时期的婴儿即将从爬行到扶着物体站起来，到扶着物体行走，再到独立行走，婴儿的动作发展不断加快。婴儿能灵活地将手脚动来动去，变换姿势，到处移动等，充分体验各种各样的身体活动。

这一时期婴儿的表现具有以下特点。

（一）7～12 个月婴儿动作发展特点

1. 7～9 个月

（1）大动作

· 一会儿仰起脸，一会儿埋下脸；一会儿埋下脸，一会儿又仰起脸。

· 能用双手支撑着坐立起来。

· 能用双手和双膝撑在地上，往前爬行。

· 双手离开地板也能坐立起来。

· 肚子贴着地板，能用手臂的力量“匍匐爬行”前进。

（2）精细动作

· 手指越来越灵活。

握：能从上方握住物体，大拇指与其他手指一起从同侧握住物体。

抓：大拇指根部能打开了，可以稳稳地抓住物体。

捏：能用大拇指和食指一起捏住物体。

· 能换手接物，双手拿着物品对敲。

2. 10 个月～1 岁

（1）大动作

· 能扶着物体站立起来，开始扶着物体行走。

· 能从坐的位置上扶着物体站起来，且能从站的地方扶着物体再恢复到坐的姿势，能自由地变换站与坐的姿势。

· 能独自站立。

· 能脱离辅助物体站立数秒。

· 能独立行走。

· 能牵着玩具行走。

（2）精细动作

· 手指协调能力更好，如打开糖纸，可以从大杯子里放物、取物，等等。

· 把东西扔掉又捡起，可以用手滚球。

（二）7～12 个月婴儿动作发展照护及回应

1. 大动作发展的照护及回应

（1）创设安全而适宜的环境

托育园不仅要营造与婴儿发育的各个阶段相匹配的环境，而且要根据每个婴儿的生活节奏创造相应的环境。当婴儿能俯身爬行，能坐立起来后，其动作将快速发育，可以说每天都有新成长。1 岁左右开始，部分婴幼儿就能走路了，因此在托育园里，将还只会坐立的婴儿与摇晃着到处走来走去的婴儿放置在同一空间里是很危险的。保育师要尽量在空间分区上将只会坐立和爬行的婴儿与已经能走路的婴儿隔离开来。此外，7 个月的婴儿和 1 岁婴儿的生活节奏也完全不同。因此，环境设计方面要以满足每个婴儿个性化的生理需求为前提。

（2）准备一些软垫或为家具贴上防撞贴，防止婴幼儿跌倒受伤

能坐立起来的婴幼儿有时也容易因重心不稳而往后或往两侧倒下去，因此，保育师可以在其后背处垫上软垫子。刚学会走路的婴幼儿也会因为脚底不稳跌倒，或因碰到障碍物而摔跤，为了防止其跌倒或撞到东西后受伤，需要为婴幼儿清理好室内环境，收好障碍物，并且要在家具的锐角上贴上防撞贴。

爬行游戏

(3) 准备爬行游戏，提升爬行能力

让婴幼儿充分地体验爬行，可以促进婴幼儿腕部、腿脚的肌肉发育，为抓着物体站起来和独立行走奠定坚实的基础。

(4) 协助婴幼儿站起来

婴幼儿从能扶住物体站立，到辅助物体行走，再到独立行走，过程非常快。因此，保育师要确保为婴幼儿创造一个能自由行动的环境，可以在婴幼儿身旁放置抓住或扶住的物体。为了让婴幼儿能抓住和扶住身边的物体练习站立，请保育师在婴幼儿身旁放置上矮桌或玩具台等。婴幼儿一会儿坐着，一会儿扶着桌子站起来，渐渐就能开始走起来。

(5) 多带婴幼儿到户外玩耍，体验户外游戏的乐趣

在婴幼儿暂时还不会走路时，也可以带着去公园或者院子里玩耍。在草坪上铺上野餐垫，让婴幼儿在垫子上自由地爬行。同时保育师要确认好垫子周围有没有垃圾和危险物，注意清理干净周边的障碍物。

(6) 让婴幼儿按照自己的步调自由行走

当婴幼儿意识到自己能走着去到任何自己想去的地方时，就会新奇地到处走来走去。婴幼儿可能会一会儿走到这边，一会儿又走到那边，一会儿又停下来一屁股坐到地上，无论如何，保育师要以婴幼儿想要走路的意愿为先，不要催促、不要着急，让婴幼儿充分体验走路、散步的乐趣。

◆ 拓展阅读 ◆

游戏1：爬行追逐游戏

在爬行着的婴儿屁股后面，保育师也以同样的姿势爬行着追逐婴儿，可一边追逐一边对婴儿说：“××，等等我，等等我呀。”

游戏2：钻隧道游戏

准备一个可用于婴儿钻爬的隧道，吸引婴儿爬行过来。“钻隧道咯，来，快爬过来！”

◆ 拓展阅读 ◆

游戏：跳高高游戏

保育师握着婴幼儿的小手，稍稍用力有节奏地帮助婴幼儿“咚、咚”地往上跳跃，可以配合哼唱一些节奏感强的儿歌。

(7) 家园合作

当婴幼儿开始学着走路了，就请家人准备好鞋子。为婴幼儿准备的小鞋子务必要能固定住婴幼儿的小脚。鞋不合脚，不仅会限制婴幼儿活动，甚至影响脚部发育。因此，家长要为婴幼儿准备能完整地包裹住脚踝、脚尖处比较宽松的鞋(图4-4)。

图4-4　魔术贴鞋

2. 精细动作

(1) 提供触摸玩具

给婴幼儿准备不同纹理或材质的物品，供婴幼儿抚摸。在抚摸过程中，要温柔地描述触感，让婴幼儿体验各种材质或纹理的触感，促进触觉发展。例如，“宝贝，摸一摸，这是毛毯，好柔软呀”等。

(2) 提供投掷类玩具

这一年龄段的婴幼儿喜欢扔东西再捡起来，乐此不疲。为了满足这一需求，保育师及家长可为婴幼儿准备一些球等投掷类玩具。

(3) 提供抓握及拿、捏、戳的玩具

可以适当准备一些材料和空间，让幼儿练习抓握、拿、捏、戳等动作。准备拨浪鼓、蜡笔等，让婴幼儿练习抓握能力；提供布娃娃、橡胶鸭等，让婴幼儿充分练习捏；准备枕头、小盒子、仿真电话等，让婴幼儿练习戳。

(4) 提供训练手眼协调的游戏

准备瓶罐，放在婴幼儿够得着的地方，在保育师的照看下，提供小玩具。让婴幼儿把任意形状的小玩具放进瓶子里，再拿出来。

（5）提供建构类玩具

可以为婴幼儿准备能嵌入安装、搭建的积木等玩具，心理环境的营造也要尽量匹配婴幼儿的发育阶段。

（6）注意安全与消毒

婴幼儿的嘴能吞下直径 39 mm 的物体，因此，独立玩耍用的玩具不能过小，以防把玩具吞下，造成窒息等危险。并且，保育师要时常确认玩具的零部件是否完整，婴幼儿衣服上的纽扣等部件是否完好等。此外，因这一年龄段的婴幼儿喜欢把玩具放入口中，保育师要及时消毒玩具。

图 4－5　直径 39 mm 以下的常见危险物品（珠子、图钉、回形针、纽扣等）

实践　宝宝不会俯身爬行

Q：我家宝宝不会爬行就直接开始走路了。听说爬行对宝宝手臂和腿部的发育非常重要，我家宝宝的情况没问题吧？（宝宝 11 个月）

A：虽然不会爬行，但只要宝宝能依靠自己的力量独立站起来，自然地学会走路，那发育应该没有问题。至于手臂和腿部的发育情况，宝妈不必过于担心。有的宝宝是在抓着物体能站起来之后才学会爬行，还有的宝宝不会爬行就直接学会了走路，每个宝宝成长发育的顺序因人而异，都是宝宝自然的发育状态。

在运动机能的发育成长上有很大的个人差异。有的宝宝 10 个月了还不会爬行，有的宝宝 1 岁零 6 个月了还不会走路等。当自己的宝宝与别人的宝宝发育状态不同时，可能父母会焦虑和担心，但还是请尽量尊重并守护宝宝发育过程中的个性。

四、1～2 岁幼儿动作发展及照护

这一时期的幼儿已慢慢地能自己走路，虽然还会摔倒，但随着月龄的增长，跌倒次数越来越少。会做跨越、跳跃等动作，这一时期的幼儿可以在安全且方便活动的环境中独立行走，自由地运动身体。这一时期的幼儿的表现有如下特点。

（一）1～2岁幼儿动作发展特点

1. 1岁～1岁6个月

(1) 大动作

· 能用手推动玩具车之类的玩具。

· 逐步能稳定地独立行走。

· 能在楼梯上爬上爬下。

(2) 精细动作

· 会用2～3块积木垒高，能握笔乱涂乱画。

· 会用水杯喝水。

· 会使用一些简单的工具。

2. 1岁7个月～2岁

(1) 大动作

· 会小跑。

· 抓着扶手能上下阶梯。

· 能从较矮的台阶上跳下来。

(2) 精细动作

· 能跟着音乐做简单的动作。

· 可以翻硬纸书。

· 会穿珠子，会用5～6块积木垒高。

（二）1～2岁幼儿动作发展照护及回应

1. 大动作发展照护及回应

(1) 给予安全的环境，让幼儿光脚行走

当幼儿能稳定地独立行走后，保育师可以让幼儿光着脚在沙池或草坪中行走，刺激其脚底。光脚不仅能促进足弓的形成，还能锻炼脚底的肌肉，促进血液循环，对幼儿的全身健康都有好处。不过，如果沙子或草坪里有玻璃碴之类的，容易让幼儿流血受伤。因此，保育师要提前仔细检查确保安全。

(2) 利用有趣的爬行游戏，锻炼幼儿全身肌肉

爬行可以调动幼儿在直立行走中使用不到的肌肉，全身上下都能得到锻炼。即使幼儿已经学会了独立行走，还是请保育师多引导幼儿开展双手双脚触地的爬行游戏。如，“小熊来了”，让幼儿模仿动物爬行，也可引导多位幼儿围成圆圈爬行，尽量让游戏丰富而有趣。

(3) 引导幼儿带着目的去行动

当幼儿走路越来越稳后，在凹凸不平的路上也能走稳，渐渐地还会爬楼梯、走上坡路等。为了减少幼儿的疲惫感，提高成就感，让其带着目的去行动是非常有效的方法。例如，保育师带幼儿徒步去附近的公园时，出发前提前告诉幼儿“我们要去公园了，到了公园可以玩荡秋千”等。并且可以在路上不断提醒幼儿此行的目的，支持幼儿想要努力到达目的地的心情，给予鼓励(图4-6)。

(4) 引导幼儿运用腿部和腰部进行全身运动

让幼儿在坡道不稳定的地方上上下下，如幼儿上下坡、在倾斜面上上下下、在被子堆成的“小山”上爬上爬下等等。总之，让幼儿在起伏不平的地方手脚并用地上上下下。一

图4-6　鼓励幼儿

方面可以训练幼儿的平衡感，另一方面也能让幼儿运用腿部和腰部进行全身运动。

此外，保育师可以试着在玩沙场为婴儿堆叠起轮胎等道具，为幼儿创造可爬上爬下的环境。让幼儿从滑滑梯底端向高处逆向爬上去，也能锻炼幼儿的腰腿力量，促进其全身的发育。保育师可在确保安全的前提下协助幼儿往滑滑梯顶部爬行。

实践 当宝宝“调皮捣蛋”时，大人会忍不住想说“不可以”，这种时候该怎么办呢？

1 岁左右是让宝宝形成规则意识的初步阶段。

1 岁左右的宝宝能独立走到自己想去的地方了，这一时期他会对外界事物产生极度的好奇。他总是会做一些让大人忍不住想要说“不可以”的“调皮捣蛋”的事，这正是宝宝成长的印迹，成人应尽量创造一个安全舒适的环境，对宝宝的各种淘气事尽量少说“不可以”。

2. 精细动作发展照护及回应

(1) 允许幼儿使用任何一只手

大人习惯于用右手，但对于幼儿并不局限于使用右手。保育师要允许幼儿使用他选择的任何一只手，这样不仅利于锻炼幼儿的双手，也有助于促进幼儿大脑发展。

(2) 准备硬纸书供幼儿翻阅

对于这一年龄段的幼儿，要经常给其读绘本，仔细翻动每一页，让幼儿也尝试翻书。要温柔地告诉幼儿爱护书，不能撕书、弄脏书。从小要为养成良好的阅读习惯做准备。

(3) 准备一些工具类玩具

这一年龄段的幼儿开始喜欢用工具来解决问题，并喜欢使用工具。幼儿也开始对周围大人的行为有一定模仿意识。可以给幼儿准备铲子、勺子、炒菜锅等不锋利且不容易坏的工具。

五、2～3 岁幼儿动作发展及照护

这一时期的幼儿会跑来跑去，明白速度快与慢的差异，能调整身体运动的幅度。保育师要与幼儿一起做一些能运动到全身，甚至能动到手与手指的游戏。这一时期幼儿的表现特点具体表现为以下几个方面。

（一）2～3 岁幼儿动作发展特点

1. 2 岁～2 岁 6 个月

(1) 大动作

· 能跑起来且不摔跤。

· 站在原地就能“咻”地跳起来。

· 走路完全稳定，能够一会儿走一会儿跑，随意切换动作。

(2) 精细动作

· 会自己洗手洗脸。

· 会转动把手开门、拧开瓶盖。

2. 2 岁 7 个月～3 岁

(1) 大动作

· 能骑跨在童车上，用脚划地前行。

· 能左右换着脚上楼梯。

· 能单脚站立和跳跃。

（2）精细动作

· 会自己穿衣服。

· 能做简单的手指操。

（二）2～3 岁幼儿运动发展照护及回应

1. 大动作发展的照护及回应

（1）多带幼儿进行户外运动

当幼儿会走路之后，渐渐地就能稳定地独立走较远的距离了。无需扶着把手也能一个人上下楼梯，还能一个人玩户外的单杠。保育师一定要带着幼儿多到院子和公园里玩一些固定的儿童游乐设施，训练幼儿全身的运动机能，培养幼儿的平衡感。其实，幼儿会不会玩不重要，只要有意愿尝试去玩儿童游乐设施，保育师一定要积极地进行援助和支持，让幼儿通过跑来跑去、跑上跑下去体验全身运动，体验丰富多样的运动乐趣。

跳圈圈游戏

（2）与幼儿玩各种走跳游戏，锻炼其肢体

陈鹤琴先生说："游戏是儿童的生命。"要通过各种运动游戏，锻炼幼儿的四肢力量及协调性。通过运动游戏，可锻炼幼儿爬、跳、单脚站立、投掷等能力。

（3）创设幼儿自主运动的环境

为幼儿创设能自主运动的安全环境尤为重要。在托育园的活动大厅里要放置各种各样的玩具。为了让幼儿在室内也能随心所欲地玩耍和运动，保育师可以在客厅或教室里放上儿童地垫、攀爬台、短梯等道具，营造一个能让幼儿自主玩耍的环境。此外，当幼儿在等待时，保育师要跟幼儿口头确认他现在的状态，"××正在等着呢，马上就轮到了哦""好的，××已经玩好了，该下一位小朋友了"。幼儿心里这种"被认可了""开心"的心情将直接促使幼儿想要独立进行更多有趣的尝试，这为幼儿的自主游戏提供了轻松的心理环境。

2. 精细动作发展的照护及回应

（1）让幼儿学会自己穿衣服

穿脱衣服是幼儿锻炼精细动作的良好时机，给幼儿演示系纽扣、拉链、提裤子等穿衣服的过程。例如，演示如何按住纽扣、对准纽扣孔，顺利系纽扣。并且，在午睡后给幼儿留下充足的时间让其自己整理衣服，穿衣服。如果幼儿多次失败，要及时安抚情绪，并提供一定的帮助，不可直接代劳。

（2）让幼儿学会自己洗脸、洗手

同样，在洗漱过程中，也可以锻炼幼儿的精细动作。鼓励幼儿自己洗脸、洗手，讲解并演示洗手、洗脸的方法，并进行适当的演示。当幼儿以正确的方式洗脸、洗手时要及时给予表扬，提高幼儿的自信心。

（3）与幼儿做手指操

这一年龄段的幼儿对手指操非常感兴趣，随着五指变得越来越灵活，幼儿从大概模仿手指操的动作，到准确做出相应的动作。手指游戏不仅能促进幼儿的手部肌肉发育，增强手指的灵活性，而且，在此类游戏活动中也可培养幼儿的口语表达能力及思维能力。

拓展阅读

游戏 1：快走慢走游戏

这一阶段幼儿已经能自主调节身体运动的幅度了。保育师可以跟幼儿一起玩快走慢走的游戏，"快速往前走""慢慢地，慢慢地走""停住不动"等。

游戏 2：跳圈圈游戏

在地上放圈圈，让幼儿学会开脚或并脚在圈圈中跳来跳去。韵律感十足的跳跃感觉和腿部整体的肌肉力量都将得到锻炼。

游戏 3：鳄鱼爬爬爬游戏

让幼儿俯身趴在地板上，用双手双脚匍匐着像鳄鱼一样前进。幼儿的臂力和腿部力量都将得到锻炼，为玩吊单杠等储备好肌肉力量。

任务 3 婴幼儿语言与认知的照护与回应

案例导入

牛牛今年快2岁了,特别喜欢给家里人唱儿歌,不停地说话,但经常发音不清楚,比如把“吃饭”说成“吃换”,妈妈喜欢逗弄他,模仿他的发音,而奶奶会在他说错话的时候当面批评并纠正他的语言,过了一段时间,牛牛突然不喜欢开口说话了。牛牛为什么不说话了?牛牛出现的语音不清晰、说错话是正常的吗?奶奶和妈妈又应该怎么做呢?本任务将对0~3岁婴幼儿语言与认知发展的特点进行阐述,并掌握如何对0~3岁婴幼儿语言与认知发展进行回应性照护。

任务要求

1. 理解各年龄段婴幼儿的语言与认知发展特点。
2. 可以根据婴幼儿各年龄段语言与认知发展的特点,提供正确的照护与回应。

核心内容

语言是婴幼儿与他人交流的重要工具。在生命早期,婴儿采用不同的声音作为表达需求的一部分,通过声音表达自己的想法和心情。并且,婴幼儿还可以通过与身边亲近者的互动,记住大人的声音,当听到主要照料者的声音时,往往会表现出高兴、手舞足蹈的样子。1~3岁是语言和认知发展的初期,也是关键期,提供丰富的语言与认知环境,提供相应的回应性照护是非常必要的。

一、0~6个月婴儿的语言与认知发展特点及照护

(一)0~6个月婴儿的语言与认知发展特点

最初,婴儿会用哭泣向大人传达自己的不舒适与不安感,渐渐会用发声来表达自己的情绪和心情,进而咿呀学语。

1. 1~2个月

- 肚子饿了或尿布湿了后,婴儿会用哭泣的方式向大人传递自己的不舒适和不安感。
- 双眼习惯追随动态物体移动,出现“追视”行为。
- 听觉敏锐起来,注意力常常转向发出声响的方向。
- 开始喃喃自语。
- 被大人逗弄时会有反应和回应。
- 会观察大人嘴型的开合,进行模仿。
- 会将脸转向发出声音或有人说话的地方。

• 对声响非常敏感。

2. 3～6 个月

• 不仅能发出“a”“wu”等母音，还能发出“d、n、m、b”等辅音。
• 会自己自主地笑起来，会咿咿呀呀向身边人搭话。
• 能表达开心和悲伤等情感。
• 咿呀学语越来越频繁，被某些特定对象逗玩时会咿咿呀呀地回应。
• 喜欢用舌头舔自己手里的东西，进行确认。
• 会主动伸手去碰触玩偶。
• 双手伸进口中进行舔舐。
• 咬食手中的拨浪鼓，或剧烈晃动制造出声响。
• 目不转睛地紧盯着走过身边的人。
• 自发地伸出手去抓物体。
• 向自己感兴趣和喜欢的物体爬行。

（二）0～6 个月婴儿的语言与认知发展照护及回应

1. 常与婴儿对话，让婴儿对声音产生兴趣

在所有的日常生活场景中都要主动与婴儿对话。诸如“宝宝是不是尿了呀？我来给你换尿布吧”“小屁股干爽了，很舒服是不是”“宝宝想喝奶了吧”“是不是很好喝呀”等等。虽然婴儿还不会说话，但与他的对话从婴儿一出生就开始了。所以，当婴儿吃奶、睡觉、排泄及玩耍等，在所有的日常生活场景中，都需要大人积极地与婴儿对话(图 4－7)。

图 4－7　积极与婴儿对话

2. 代婴儿说出心里的想法

当婴儿生理上感到不适、需要大人抱时，通常都会用哭来表达自己的想法。保育师需要及时判断婴儿的想法和诉求，并用自己的语言代婴儿说出来。如“哎哟，我们宝贝小肚子饿了呢”，这将为婴儿记住大人的语言奠定良好的基础。婴儿能意识到“眼前这个人能明白我的想法”，从而与大人进一步建立信赖关系。

3. 反复模仿婴儿的咿呀语

婴儿在 2～3 个月，当心情愉悦时会发出“啊——”“呜——”等声音。这时，保育师要判断婴儿的想法与心情，用语言及时回应婴儿，或者反复模仿婴儿的发音与其沟通。这样可以让婴儿真切地感受到“我一发出声音，他们就会回应”，从而促进婴儿语言与心智的发展。

4. 可以让婴儿接触多个保育师

婴儿在早期阶段的某段时间会对其他人员的声音及面孔感到新鲜、开心与兴奋。当发现这种情况时，可适当创造机会让婴儿接触更多的人，帮助婴儿建立人与人之间的信任感。

5. 与婴儿进行感官游戏

为无法翻身的婴儿准备垂挂玩具，这个阶段的婴儿已经会盯着动态玩具看，也会将注意力转向发出声响的地方。保育师可为婴儿准备一些能刺激视觉和听觉的旋转音乐床铃、八音盒等玩具。如果发现婴儿开始盯着自己的小手看，并尝试着将手放到嘴边进行舔舐等行为时，给婴儿提供抓握玩具，适当提供示范。这一过程中，要积极与婴儿对话，如“咦，这个会响，好有趣哦”，从而引起婴儿的好奇与兴趣。

6. 营造舒适的环境

营造放松、舒适的环境，不仅让婴儿感到安心与平静，也可以促进婴儿安心地表达自己的心情和

想法。除了硬件环境的舒适外，还需要做到由专人来提供照料，如喂奶、睡觉、排泄等日常护理均可由固定的保育师来实施。这样不仅有利于婴儿的心情稳定，也有利于保育师开展工作。

此外，要为婴儿准备材质柔软且安全的玩具，这一时期的婴儿喜欢用嘴探索，捏玩具时产生的声响也会引起他们的兴趣。因此，要为婴儿多准备刺激他们触觉、视觉和听觉发育的玩具和物件。

二、7～12 个月婴儿的语言与认知发展特点及照护

（一）7～12 个月婴儿的语言与认知发展特点

这个时期的婴儿咿呀学语越来越频繁，能够重复某个音节，能用声音呼唤大人等，1 岁左右时能发出单个的词语。

1. 7～9 个月

- 反复发出“baba”“mama”等音节。
- 当大人用手指着发声处时，会望向手指和大人的脸。
- 用咿呀语与大人一问一答地沟通。
- 会模仿大人说出的话。
- 注意观察大人行为，模仿大人动作。
- 会寻找藏起来的东西。
- 能分辨地点，喜欢熟悉的环境。

2. 10～12 个月

- 能说出几个词，会模仿叫“爸爸”“妈妈”等。
- 有需求和要求并希望得到大人的回应时，会发出声音呼喊大人。
- 会创造一些词语来指称事物。
- 会利用工具来帮助解决。
- 能听懂“禁止”和“表扬”等话。
- 会用手指指自己想要的东西。
- 会分辨甜、苦、酸等味道及香、臭等气味。
- 能指认常见的物品及耳朵、鼻子、脚等自己的身体部位。
- 能用动作表达自己的想法，如用点头表示同意、用摇头表示不同意、用挥手做再见的动作等。

（二）7～12 个月婴儿的语言与认知发展照护及回应

根据以上幼儿语言发展特点，可提供以下语言发展照护及回应。

1. 细心且积极地回应婴儿发出的声音

这个时期的婴儿咿呀语越来越多，越来越频繁，对自己感兴趣的东西会用手去指。这些行为都是与婴儿语言能力息息相关的重要的发育表现。婴儿有这类表现时，保育师应予以同样的回应，将婴儿想要传达的意思转化为语言，对着婴儿重复和确认，积极又耐心地与其交流。

2. 分享婴儿的兴趣点，并产生共感

婴儿在散步过程中，会留意周围的花草和昆虫。看绘本时，也会对绘本里的动物越来越感兴趣。在这一阶段，婴儿的兴趣将迅速得到延伸和扩展。保育师要将婴儿感兴趣的物象转化为语言，反复说给婴儿听，加深词汇在婴儿脑海中的累积。面对婴儿“啊啊”“么么”等咿呀语，保育师也要用“没错，这就是××哦”等语言进行回应。

3. 与婴儿进行对话游戏

反复练习生活中常用的各种对话语言。如“我们要出门了哟，请宝宝穿好鞋”“马上要吃点心了，

请宝宝洗好手哦”等，保育师需要将接下来要做的事情用简单的语言传达给婴儿。此外，大人还应该每天反复练习加深印象，为婴儿自己说出这些话而做好准备。在日常生活中和婴儿进行对话游戏，结合动作与语言，进行“我说你做”的游戏。例如，在婴儿面前放置奶瓶、纸巾等常见物品，保育师说“请给我奶瓶”，婴儿按照指令拿起奶瓶递给保育师。

4. 激发并保护婴儿想要自己说话的欲望

当婴儿记住一些简单的日常用语后，哪怕发音完全错误或只会说只言片语，他也会尽全力向大人传达和表述自己想说的内容。当婴儿说话时，保育师要蹲下来与婴儿保持同一视线，用心倾听婴儿说的话。当听懂婴儿表达的意思后，保育师可对婴儿的话进行补充，保护婴儿主动表达自己的热情。

5. 与婴儿进行感官游戏

给婴儿准备能扯、能丢的玩具。当婴儿学会坐立后将发现视野范围变大，玩耍范围也变得越来越大。保育师可为这一年龄阶段的婴儿多准备可用于拉扯的抽纸、形状配对玩具及积木等，供婴儿进行游戏。

6. 与婴儿进行模仿、想象游戏

玩耍中引导婴儿模仿大人的动作。例如，保育师可以摆出兔子、小狗、小猫等各种造型让婴儿学，也可以拿着布娃娃与婴儿交流玩耍。

7. 营造有利于婴儿语言发展的环境

固定而舒适的环境，可促进婴儿对周围的探索，让婴儿学会分辨自己的东西和地方。婴幼儿在1岁左右时，当自己的名字被叫到时会有反应，会用咿呀语回应，甚至慢慢地会想要说出词语。此外，随着婴幼儿的成长，他们开始能慢慢分辨属于自己的东西和地方，会试图自己整理、收拾换下来的衣服，会从自己的鞋柜里拿鞋，等等。因此，大人可以在托育园的储物柜、鞋柜、床等婴儿的专用物品上贴上其专属的卡通标记或自己的照片等。

实践　怎样让孩子停下手中正在玩的事情？

孩子专注地在做某一件事情时，保育师应做到尽量不要打扰，这样不仅会破坏孩子的专注力，也会削减孩子对某一件事情或某一个玩具的兴趣。如果因其他原因，不得不打断时，首先尽量温柔地提醒孩子“接下来该吃点心了，请宝宝把玩具都收好吧”，用浅显易懂的语言向宝宝传达意思。如果孩子没有反应，再到孩子的耳边再次提醒“该收拾玩具了”。在提醒孩子的过程中须注意：①切勿急躁，大声吼叫；②切忌使用威胁性语言，如“再不收拾就没有饭吃了”等；③不可抢夺孩子手中的玩具，直接收拾。以上不当行为会对孩子的社会性及情绪发展造成不利的影响。

三、1～2岁幼儿的语言与认知发展特点及照护

（一）1～2岁幼儿的语言与认知发展特点

这一时期，幼儿的语言发展已经从咿呀学语扩展到能说几句有具体含义的话，幼儿愿意与人交流并在交流中学习更多的语言。

1. 1岁～1岁6个月

- 能听懂简单的指令。
- 能听懂简单的问题。
- 能说出简单的词语。
- 用表情、手势代替语言进行交流。
- 喜欢用嘴、手试探各种东西。

- 会长时间观察自己感兴趣的事物。
- 会指认身体的某个部位。
- 能理解简单的因果关系。
- 会将小球和小棍子等塞进洞里。
- 1 岁 6 个月时词汇量通常为 5～20 个词语。

2. 1 岁 6 个月～2 岁

- 讲话的频率越来越高，能用话尾的上下语调来表达肯定和疑问的语气。
- 开始说出由两个词语构成的句子。
- 会用行动回应大人的语言指示。
- 会用手指着认识的事物，嘴里会用只言片语描述事物。
- 喜欢探索周围事物。
- 知道家庭成员及周围玩伴的名字。
- 能记住一些简单的事及熟悉的生活内容。
- 开始理解事情的先后顺序。
- 喜欢重复听某一首儿歌。
- 能感知、区分方形、三角形、圆形。
- 在做某件事情时会一边做一边简单地自言自语。
- 开始知道书的概念，喜欢翻书。
- 开始玩过家家，将身边的物品当作实物进行扮演。
- 2 岁时词汇量达到 150～300 个词语。

（二）1～2 岁幼儿的语言与认知发展照护及回应

1. 通过各种途径，增加幼儿的词汇量

增加幼儿的词汇量很重要，但帮助幼儿加深已经学会的语言和词汇的理解同样重要。为此，保育师可通过日常生活、绘本（卡片）、儿歌及童谣等多种形式增加幼儿的词汇量。对于在日常生活中常见的物品及绘本（卡片）里的事物，保育师可以让幼儿进行识别、命名。经常对幼儿提问“这是什么？”“那是什么？”，认真回答孩子的问题。与此同时，保育师可以通过增加形容词的描述等方式加深幼儿对词汇的理解。例如，“你瞧，这是一座大山”“这只小狗是白色的”等。朗朗上口的儿歌及童谣不仅能受到幼儿的喜爱，也有助于幼儿记忆。可以经常给幼儿唱儿歌、童谣等并进行互动，帮助幼儿有效增加词汇量。

2. 当幼儿理解到大人语言的意思时，要给予充分的认可和表扬

对于这一年龄段的幼儿，保育师要认可其理解力，经常可以用“对的，就是这个意思”等话语鼓励幼儿。这一阶段，幼儿能说出一些拥有具体含义的话，逐渐能听懂大人的意思，而且会用行动回应大人的指令。例如，当告诉幼儿“在这等一下”时，幼儿就会乖乖地原地不动地等待，这时要适当表扬幼儿“宝宝在这乖乖等老师，谢谢你哦”等，对幼儿的行为给予充分认可。

3. 与幼儿产生共感，补充其语言

这一时期的幼儿逐渐开始说出两个词构成的句子，如“爸爸、公司”等。这时，保育师要站在幼儿的立场上适当帮助其补充语言，如“爸爸去公司上班了”。重复的学习不仅可以帮助幼儿拓宽词汇，也可以帮助幼儿学习口语规则。

4. 不要批评或强迫幼儿使用正确的语言

1 岁多幼儿的语言中容易出现过度概括或电报语言的现象[①]。过度概括是指使用一个词来表示

---

① ［美］特里·乔·斯威姆. 科学照护与积极回应（第 9 版）［M］. 洪秀敏，等译. 北京：北京师范大学出版社，2021.

许多不同的事物，如1岁多的幼儿的语言中“猫猫”指任何一个动物，“婆婆”指任何一个妈妈以外的女性。电报语言是指婴幼儿将两个或三个单词组合成一个只包括关键词的句子。例如，当幼儿看到保育师端着点心进来时，说“糕糕、吃”，幼儿实际上要表达的是“我要吃蛋糕”。这时如果大人执着于纠正，强迫幼儿“正确”说出词语或句子，进行反复练习，会降低幼儿说话的欲望。

5. 与幼儿进行模仿、想象游戏（图4-8）

为幼儿准备充足的游戏道具。可充分利用箱子、椅子等触手可及的道具让幼儿进行游戏。这个阶段的幼儿可以用自己的经验和想象力进行游戏。此外，可以提供生活中常见的安全的废旧物品，供幼儿进行角色扮演游戏，如不用的勺子、牛奶盒、购物纸袋等。2岁左右的幼儿会开始抱着娃娃有模有样地照顾起来，还会观察身边大人的行为进行再现和模仿。再现游戏可以体现婴儿的社会性、与朋友的交往模式、道具的使用方式等各种信息。保育师要保证幼儿在玩的过程中不受限制，为他们提供充足的道具。

图4-8　与幼儿进行想象游戏

6. 营造良好的环境

准备一些描述身边事物的故事情节简单的绘本，如以散步、吃饭、游戏、身边的动物等为主题，故事情节简单，易于理解的绘本。幼儿一方面能感到“绘本好有趣”，另一方面也能掌握一些日常的词语和表达。

实践　在托育园的苹果班（1～2岁的幼儿）里经常出现争抢玩具的现象，而且抢不过就直接打对方小朋友。怎样避免这种现象？

由于幼儿都还不能完整和流利地说话，会说的语言和词汇有限，因此常常发生“被抢了”“他抢我玩具”等争夺玩具的矛盾。这时，大人应该及时介入，弄清冲突的原委，厘清幼儿的思绪，让幼儿平静下来。首先，保育师要用自己的语言来替幼儿表达前因后果。例如“小优是说××是吧”“小翔是说××是吧”等。其次，保育师要教给幼儿如何去进行沟通，如何说话才能达到目的。诸如“想让其他小朋友将玩具借给你玩时，就请对小朋友说‘请借给我’吧”等。恰当地教给幼儿什么时候该说什么话，渐渐地幼儿就会明白，可以通过语言达到沟通的目的，还会明白其实对方也是有自己想要表达的意思和想法。

四、2～3岁幼儿的语言与认知发展特点及照护

（一）2～3岁幼儿的语言与认知发展特点

在这一年龄段，幼儿的词汇量迅速增加，可以达到200～300个。语言发展从电报语言阶段过渡到使用完整的句子来表达事物阶段。此外，句子的长度也有一定的增加，在一定程度上可以做到恰当地表达自己的想法，用词的准确度也有明显提升。

1. 2岁～2岁6个月

- 由两个词语构成的句子表达越来越丰富，如“狗狗来了”“要尿尿”等。
- 提出要求时，会说“××，想去”等，喜欢把自己的名字加进去。
- 会说完整的短句和简单的复合句。
- 能理解“大”“小”这类的反义词。

· 对周围的事情感兴趣，爱提问题。
· 能感知软、硬、冷、热等属性。
· 可分辨明显的大小、多少、长短、上下。
· 能分清自己的东西和朋友的东西。
· 会念简单的儿歌。
· 开始用“你”等代词。

2. 2岁7个月～3岁

· 能明白“现在”“刚才”等时间概念。
· 能区别红、黄、蓝3种颜色。
· 能记忆和唱简单的儿歌。
· 会唱数1～10，且知道数字代表数量。
· 能对物品进行初步分类。
· 喜欢问“这是什么”“那是什么”
· 开始会说简单的日常寒暄语。
· 开始使用助词，开始使用疑问词和否定的表达。
· 开始学会使用复式句。
· 理解简单故事的主要情节，会讲给自己或其他人听。
· 开始想要讲述自己的经历和体验。

（二）2～3岁幼儿的语言与认知发展照护及回应

1. 日常生活中，多用语言与幼儿交流和沟通身边事物

保育师要经常把生活场景转化为语言和幼儿进行交流。这一阶段的幼儿已经可以理解较长的句子，例如，在喝水这一环节中，保育师不要只是把水递给幼儿，而是在递水杯的过程中适当进行描述，如“太热了，流了好多汗，喝水吗”。在这一过程中，绝大多数幼儿会迅速用行动进行回应。在生活场景中经常与幼儿进行沟通，久而久之，幼儿就能记住生活场景中常用的语言和词汇。

2. 将幼儿的意思和想法转化成语言

幼儿的语言在这一阶段将得到进一步发展，已经可以传达“去外面”“玩玩具”等各种各样的由两个词构成的句子了。这时，保育师可以将幼儿的意思转化成完整的句子，如“宝贝想去外面玩呀，那请戴好帽子吧”“想要玩这个玩具呀，这是积木”等，向幼儿进行确认的同时，告诉幼儿下一步要做什么，或向幼儿说明目前的情况，拓展双方的对话沟通。

3. 与幼儿玩简单的角色扮演游戏

这一阶段的幼儿喜欢玩简单的角色扮演游戏。为此，大人可以带着幼儿一起玩扮妈妈、出门上班等简单的现实场景游戏，幼儿在享受游戏快乐的过程中，词汇和语言也将逐渐丰富起来。通过让幼儿扮演母亲、司机等角色，让幼儿在游戏中学会使用更多的词汇和句子来表达自己。

4. 与幼儿进行模仿日常生活场景的游戏

幼儿2岁多时，喜欢扮演妈妈、扮演出门玩耍等再现日常生活场景的角色扮演游戏。虽然只是角色扮演，但在幼儿的心里，他想表现得跟大人一模一样。因此，在为幼儿准备游戏物品以及和幼儿交流时，尽量做到逼真。例如，可以为幼儿准备仿真炒锅、平底锅、茶碗等厨房玩具，与幼儿对话时也尽量模仿现实场景，如“请宝宝去帮我买点白萝卜吧”等。大人把过家家玩得越逼真，就越能激发起幼儿的兴趣与干劲。

5. 与幼儿进行创造性游戏

为了让幼儿的想象力和思维得到充分发展，大人可以给幼儿提供纸、画具及黏土等，与其进行创

造性游戏。例如，让幼儿自由把黏土捏成各种形状，问幼儿捏的是什么。因为此时幼儿捏出来的东西，很有可能大人根本看不懂，有条件的情况下可以把作品拍照，并注上作品名及当时与幼儿的对话，为下一步游戏的设计提供依据。

6. 让幼儿接触沙，促进其触觉发展

沙子柔软细滑，形状可千变万化，随时可以推倒重做，这些特性对幼儿具有十足的吸引力。可以亲身感受沙子的湿度、温度以及沙子的触感等，在沙盆中幼儿可以肆意想象，随心玩耍。保育师要保证沙子的卫生和安全，让幼儿放心玩沙。

7. 认真回答幼儿的问题

保育师要对幼儿敢于表达自己的好奇表示赞许。随着大脑的发展，幼儿好奇心将越来越强，非常喜欢提各种各样的问题，会喜欢问“这是什么”“为什么”等问题。在保育师认真回答问题的过程中，幼儿也能更好、更快地记住事物的名称和事情的原委。

8. 等待并倾听幼儿的提问

有时幼儿一时找不到合适的句子和词汇来表达自己的问题，便会说“嗯……那个……”，吞吞吐吐地说不清楚。这时，保育师不要急着帮婴儿说出他的意思，而是等待幼儿自己组织语言，当幼儿想了很久，做了各种努力和尝试还是没法说清楚时，大人再进行补充。在整个过程中，大人要耐心对待并善于倾听。

实践 小晨上个月刚满2岁，虽然小晨可以说“爸爸妈妈”“爷爷”“狗狗”等词语，但是还不会说由2个词语组成的句子。这种情况下该怎么办呢？

语言能力的发展有较大的个体差异，2岁的幼儿还不会说由2个单词构成的句子，这也在正常的个体差异的范围内。只要幼儿的运动机能和对声音的反应没有问题，能理解成人所说的内容，就可放心，但后面语言发展需要加强观察。

任务4 婴幼儿情感与社会性的照护与回应

案例导入

萌萌12个月了，喜欢和妈妈一块照镜子，并常常对着镜子中的自己笑。妈妈亲亲她，她也会亲一亲镜子中的妈妈，只要稍稍不见妈妈就要寻找，甚至大声啼哭。家里来了客人，表现出害怕。萌萌的表现正常吗？婴儿什么时候出现认生？0～3岁婴幼儿情感、自我意识的发展特点如何？本任务将围绕0～3岁婴幼儿情感与社会性的发展特点展开论述，并根据其特点进行回应性照护。

任务要求

1. 理解各年龄段婴幼儿的情感与社会性发展特点。
2. 可以根据婴幼儿各年龄段情感与社会性发展的特点，提供正确的照护与回应。

核心内容

一、0～6个月婴儿的情感与社会性发展的特点及照护

（一）0～6个月婴儿的情感与社会性发展特点

1. 1～2个月
- 当睡着的时候，婴儿脸上会浮现起微笑一般的表情（自发的微笑）。
- 喜欢看人脸，尤其是妈妈的笑脸。
- 当婴儿肚子饿了或尿布湿了等，感到不舒服时，会通过哭泣向周围人传递信息。
- 喜欢被爱抚、拥抱。

2. 3～6个月
- 被大人亲昵地逗弄时会有微笑等反应，本质上开始了社会性微笑。
- 与婴儿搭话时，婴儿嘴里会发出咿呀语进行反应。
- 被抱在怀里时，会去触摸大人的脸。
- 喜欢躲猫猫和举高高。
- 会对某些特定的对象笑，面对不熟的人，会直愣愣地盯着看。
- 会用哭泣来表达恐惧和不安。
- 别人拿走玩具或食物时表示不高兴。

（二）0～6 个月婴儿的情感与社会性发展照护及回应

1. 积极回应婴儿的生理需求

当婴儿肚子饿了、尿布湿了、想睡觉时，会出现生理性不适，便会用哭声呼唤身边的大人。因此，周围的大人要及时地找到婴儿哭的原因，积极回应婴儿的需求。在婴儿阶段，保育师最重要的工作就是要满足婴儿的各种需求，当婴儿的基本需求得到满足时，才会变得好奇、敏感，并能探索周围的人与物的存在。

2. 积极回应婴儿的心理需求

婴儿哭泣除了生理原因之外，还可能包含“被抱起来的姿势跟往常不同”“想去外面”等心理上的需求。保育师要准确解读婴儿哭泣的原因，站在婴儿的立场上体会婴儿的想法和诉求，并积极回应和满足婴儿的需求。这样往复行之，将有助于婴儿与保育师之间建立良好的依恋关系。此外，不仅要在婴儿哭泣时提供安抚与回应，也要在日常生活、与婴儿玩耍、用咿呀语沟通及一起指认事物时，温柔且热情地回应婴儿。

3. 用心记录婴儿的情况

要掌握每个婴儿的生活节奏、喜好和发育程度，积极与家人沟通，并在保育过程中多观察留意并进行记录。除了掌握婴幼儿的身体发育外，保育师要掌握此阶段婴儿的情绪发展状况。

◆ 拓展阅读 ◆

让宝宝保持好情绪

1. 用心观察宝宝平时的情况。

2. 抱着或背着宝宝，让宝宝有安全感。

3. 通过为宝宝按摩等进行抚触。

4. 带着笑脸积极回应宝宝的各种表达。

※为婴儿按摩、做挠痒痒游戏、怀抱、背着等亲肤行为，可让宝宝情绪平稳、放松，还能培养宝宝对他人的信赖感以及自我肯定感。

二、7～12 个月婴儿的情感与社会性发展的特点及照护

（一）7～12 个月婴儿的情感与社会性发展特点

1. 7～9 个月

- 开始认生。
- 不愉快的情感开始细分为愤怒、厌恶和恐惧等。
- 故意去看陌生人的脸，然后大哭。
- 当亲近的大人向婴儿伸出手时，婴儿会开心地顺势扑到大人怀里。
- 会发出像是在呼喊对方一样的声音。
- 发现原本待在自己身边的人已经离开后，会放声大哭。
- 开始喜欢听大人读故事。
- 喜欢玩模仿游戏。

2. 10～12 个月

- 表现出得意、害羞、撒娇等各种情感。
- 正在玩的玩具被人抢走时会大声哭泣。
- 越来越认生，跟在大人屁股后面追的情况也越来越多。
- 能明白他人的喜怒哀乐等基本的情感。
- 想要某样东西时，会发出声音同时伸出手指去指，以提示大人。
- 大人将皮球递给婴儿时，他会用双手去接住球。
- 会通过声音和肢体语言，清晰地表达自己的意思和想法。

（二）7～12个月婴儿的情感与社会性发展照护及回应

1．正向引导婴儿的“认生”

这一阶段婴儿的一大显著特征便是对陌生人的拥抱和搭讪表现出明显的抗拒，即所谓“认生”。开始认生恰好证明了婴儿已经具备了区分熟悉的人和陌生人的能力。与新接触的人逐渐构建起依恋关系，意识到“眼前的这个人是可以放心接触的”，这是婴儿成长发育的必经过程。因此，在婴儿认生时，大人要明确地告诉他“不要怕，没关系”“这是××阿姨”等，引导婴儿逐渐放心接触。

2．积极回应婴儿的“手指语言”

婴儿发育到10个月之后，在发现自己感兴趣、想得到或曾见过的事物时，会在口中发出声音的同时伸手指向该物。这时，大人可以回应“宝宝想要这个呢，宝宝喜欢这个呀”等，围绕着他是怀着怎样的心情指向该事物或他想传达怎样的想法等，进行积极的语言交流和回应。这样可让婴儿切身感受到自己的想法被人理解的喜悦，也可使其体会到交流互动的乐趣。

3．共同感知婴儿的愤怒、厌恶与恐惧等情感

当婴儿的情感发育后，不愉快的情感表现将细化为愤怒、厌恶与恐惧。如果婴儿表现出焦躁的咿呀与哭泣时，其实是想传达“我不想吃”“不想要这个”等想法。这时，大人可将婴儿的心思和想法翻译成语言，“宝宝不喜欢这个呢”“宝宝想要那个呀”等。并对他的想法及心情进行积极的回应，“你是不是因为……生气了呀”“好的，那我们就……吧”，还可对接下来的安排进行详细的说明，“那么，我们就先……之后再……吧”。

4．正确理解婴儿“跟在屁股后面追”的行为

当婴儿看不到自己喜欢的大人时，就会感到不安甚至大哭，这种“跟在屁股后面追”的行为会随着成长越来越明显和频繁。如果大人选择在婴儿不注意时悄悄离开，那么当婴儿一旦意识到大人不见了后便会放声大哭起来，并且反应会越来越激烈。因此，在离开婴儿前要温柔地告诉婴儿“我马上就回来，请宝宝在这里稍等一下哦”，或者尽量在婴儿能看到的地方处理其他的事务。久而久之，婴儿不仅与特定保育师的依恋关系会加深，同时也能安心地与其他人相处。

三、1～2岁幼儿的情感与社会性发展的特点及照护

（一）1～2岁幼儿的情感与社会性发展特点

1．1岁～1岁3个月

- 会模仿大人的动作。
- 开始向大人表达自己的爱。
- 对某些特定的大人不再有跟追行为。
- 能表达“不要”的情绪。
- 当被大人告诫“不行”时，会感到吃惊且哭泣。
- 会关心朋友。
- 凡事不能如愿时便会撒娇缠人。
- 小朋友要抢夺自己的东西时会表现出抵抗情绪并反抗。

2．1岁4个月～1岁6个月

- 婴儿的自我意识萌芽，开始有了自己的主张。
- 越来越频繁地模仿大人。
- 开始产生物权意识，知道哪些是自己的东西。
- 会直接表达自己的心情。

3. 1岁7个月～2岁

- 喜欢独占“自己的东西”。
- “我自己做”的自主意识越来越强。
- 不用正常的语言表达自己的想法，而是常常咬人。
- 为了达到自己的目的，表现出越来越强的毅力和耐心。

（二）1～2岁幼儿的情感与社会性发展照护及回应

1. 理解幼儿的主张和意识，并了解其心情和想法

当婴幼儿的自我意识萌芽后，自我主张将变得越来越强，也越来越爱将“我来”“不要”等话挂在嘴边。为了引导幼儿形成健全的自我，大人请不要一味地用“不行，不可以”来制止幼儿，而是先应该用“宝宝想自己做呀”“宝宝喜欢这个呢”等附和式的语言来与幼儿共情。接下来，再具体思考下一步应该怎么办，如准备好几个选项让幼儿选择等，委婉而温柔地应对幼儿的自我意识。

2. 鼓励幼儿积极与其他幼儿交往

这一阶段，由于年龄的限制，幼儿还处于“自己玩自己的”的状态。保育师不可任意破坏这种状态，不强迫幼儿和其他幼儿“在一起”或“抱一抱”等。但是，当看到幼儿有交流行为时，要及时给予鼓励，让幼儿知道与人交往是件快乐的事情。例如，当保育师看到一个幼儿想要玩具，另外一个幼儿帮忙递时，可以及时说：“轩轩帮助文文拿玩具了，真棒！文文你可以说谢谢，这样轩轩下次也会乐意帮你哦！”

◆ 拓展阅读 ◆

当宝宝咬人时该怎么办？

1. 寻找宝宝咬人的原因

当宝宝还不能完全用语言表达自己的想法时，宝宝常常会咬人。尤其是情绪一高涨，便会不自觉地张嘴咬对方。当宝宝出现咬人的情况时，大人要首先找到原因，要设身处地地去体会咬人的宝宝和被咬的宝宝双方的心情。

宝宝咬人的原因一般有3种：①生理需求未得到满足；②想要玩某样玩具；③故意招惹他人。

2. 调整保育环境和保育内容

入托后，当长时间在集体中生活时，宝宝的内心也会蓄积压力。因此，保育师要根据需求，调整每天的保育内容和保育环境，比如多关注宝宝的生理需求是否都得到满足、宝宝是否能理解其他小朋友的想法、宝宝能否顺利表达自己的想法等等。尤其是午饭前和午睡前是保育师最忙的一段时间，要特别留意和观察宝宝的状态。

3. 向家长说明情况

保育园对宝宝在园里发生的事情负有不可推卸的责任，因此保育师要与家长保持沟通，发生情况随时向家长说清楚事实原委，并告诉家长当时自己是如何应对处理的，等等。然后再结合宝宝目前的发育情况，为家长分析出现这种情况的原因，共同帮助婴幼儿健康成长。

四、2～3岁幼儿的情感与社会性发展的特点及照护

（一）2～3岁幼儿的情感与社会性发展特点

- 对友情产生了兴趣。
- 能做到各玩各的游戏（和小伙伴们待在一起，但是互不干扰地各玩各的游戏）。

- 越来越想和小朋友们一起玩耍。
- 在大人的指导和带领下开始和小朋友们玩过家家的游戏。
- 会模仿身边亲近的大人们做的事情。
- 会呼喊小朋友的名字。
- 会跟认识的大人搭话。
- 能理解他人的表情(笑、哭等)。
- 所有东西都想自己独占。
- 形成朋友关系。
- 越来越喜欢“我自己做”,开始反抗大人的指示。
- 自尊心开始萌芽。
- 开始用语言向对方传达自己的要求。

(二) 2～3 岁幼儿的情感与社会性发展照护及回应

1. 理解幼儿越来越强的自我意识,尊重幼儿的想法

这一时期幼儿的自我主张越来越明显,也被称为“第一反抗期”。幼儿不仅开始对物品的归属权非常敏感,对物品的占有欲也越来越强。对于幼儿的“反抗”,不能一味拒绝,也不能一味满足。他们其实最需要的是被认同。因此,保育师遇到上述情况,首先要尊重幼儿的想法,接纳幼儿的情绪,当幼儿被理解认同后,会产生一种安心感,即使有时要求没有被满足,也因为被理解而释然。久而久之,也能形成理解他人、为他人考虑的意识。

2. 积极回应幼儿的撒娇行为

这一时期幼儿一方面会凡事都想“自己做”,另一方面也常常将“你看看”“你帮我一下”等挂在嘴边。当幼儿希望大人看看时,实际上是希望自己完成的事项能得到表扬。当幼儿希望大人帮忙时,实际上是非常信任眼前的保育师,想撒娇。提要求表明幼儿对保育师很信任,保育师要留意幼儿不断变化的情绪,并温柔地回应幼儿的情绪和想法,与幼儿共同分享成功的喜悦。

3. 正确对待争执

幼儿 2 岁过后虽然有和其他小伙伴一起玩耍的意愿,但因语言及社交能力的限制,保育师会发现他们常常在一起各玩各的。这时,虽然幼儿看似玩着同样的游戏,但实际上是以自我为中心的。因此,在此情境中很容易发生争执或争吵。这时,可通过与小伙伴越来越多的接触,让幼儿渐渐明白“原来对方也有自己的想法”。当幼儿玩耍时,保育师要在旁边时刻观察幼儿的动向,预测会发生争执的点,在争执发生的前一刻出手进行协调。例如,要在幼儿打人前一刻进行介入:“你想玩的话,这样说就可以了。”趁机告诉幼儿应该怎样用语言来表达想法。当幼儿之间发生争执时,保育师不要直接说“宝贝,这样不行哦”之类的直接否定某一方的话,而是应该代幼儿说出他的心里话“宝贝想玩这个是吧”。然后再教给婴儿正确的方法,“想玩这个玩具时,这样做就可以了”。最重要的是在争执发生之前,保育师应该要在一旁观察幼儿的玩耍状态。

4. 营造适宜幼儿发展的环境

保育师要和幼儿一起参与到角色扮演游戏中。保育师加入游戏中,不仅有助于提升幼儿对角色扮演游戏的兴趣,也可以在这一过程中引导幼儿观察大人的行为和动作,并进行模仿。参与幼儿的游戏,才能真正地参与到幼儿的成长中,了解幼儿所需,进而根据需求为幼儿准备道具、玩具。

模块小结

在本模块中,围绕婴幼儿心理行为发育特点,主要介绍了婴幼儿动作、语言与认知、情感与社会性

的照护和回应。在照护过程中，保育师要善于观察，根据动作、语言与认知等发展规律给予适当的支持，通过建立积极的情感链接，以及共情、感知情绪、保持沟通等方式帮助婴幼儿发展情感与社会性。从中做到保中带教，实现婴幼儿心理方面的回应性照护。

在线练习

思考与练习

一、选择题

1. (　　)不是婴幼儿动作发展遵循的原则。

A. 顺序原则　　B. 大小原则　　C. 近远原则　　D. 头尾原则

2. 婴幼儿时常会出现“破涕而笑”现象，这反映了婴幼儿情绪的(　　)。

A. 易受感染性　　B. 冲动性　　C. 两极性　　D. 不稳定性

3. 婴幼儿的思维属于(　　)。

A. 形式运算思维　　B. 抽象逻辑思维　　C. 直觉行动思维　　D. 形式逻辑思维

4. 婴幼儿自我意识产生的标志是(　　)。

A. 能够使用代名词“我”称呼自己　　B. 第一信号系统的建立

C. 形象思维的建立　　D. 逻辑思维的建立

5. 婴幼儿精细动作技能发展越好，标志着(　　)越好。

A. 婴幼儿手眼协调能力

B. 人的大脑神经、骨骼肌肉和感觉组合的成熟度

C. 精细动作游戏设计和选择与婴儿两手动作的发展阶段相匹配得

D. 婴儿的认知能力随两手动作发展得

6. 关于婴幼儿情绪发展的特点，下列哪一项描述不正确？(　　)

A. 婴幼儿情绪发展与先天气质有关，也与后天成长环境有关

B. 婴幼儿在 7～8 个月时就需要让他逐渐学会控制情绪

C. 婴幼儿情绪反应快而缺乏控制力

D. 婴幼儿能够很好地控制自己的情绪

7. 婴儿语言发展的 4 个阶段顺序正确的是(　　)。

A. 单字句，电报句，简单句，复合句

B. 单词句，双词句，简单句，复杂句

C. 单字句，电报句，简单句，复杂句

D. 单字句，多字句，简单句，复杂句

8. 通常采用(　　)方法促进婴儿语言早期训练。

A. 增强婴儿的社会交往能力

B. 提高婴儿的美感

C. 提高婴儿的肢体协调能力

D. 加强婴儿肺、咽、唇、舌 4 个主要发音器官的锻炼

9. 思维是指(　　)。

A. 婴儿感知外界事物的方法

B. 大脑对客观事物进行的间接的和概括的反应，是一种高级认识过程

C. 一种低级认识过程

D. 对别人的行为进行反应

10.（　　）是0～3岁占主导地位的注意类型。

A. 有意注意　　B. 无意注意　　C. 分散型注意　　D. 集中型注意

二、判断题

1. 婴幼儿脑部发展与智力没有多大关系，智力多由遗传来决定的。（　　）
2. 婴幼儿最基本的活动是观察。（　　）
3. 评价婴幼儿运动、语言、认知等方面的发展就能全面了解婴幼儿发展的潜质。（　　）
4. 制订综合性个别化教学计划，首先需要了解婴幼儿的基本情况。（　　）
5. 婴幼儿一般发展水平是指相同年龄段的婴幼儿在个别领域中的特征性行为表现。（　　）

三、简答题

1. 请简述1～2岁婴幼儿大动作发展的特点及其照护要点。
2. 请简述促进2～3岁幼儿语言发展的策略。

四、设计、论述题/实务训练

为一个正常的12个月的宝宝设计精细动作游戏，包括游戏名称、注意事项，并设计出至少3种训练方法（要体现出梯度变化）。

聚焦考证

1. 婴幼儿的被动操屈伸运动，预备姿势是婴儿（　　），使婴儿两腿伸直、放松。【1+X母婴护理职业技能】

A. 侧卧　　B. 俯卧　　C. 仰卧　　D. 跪式

2.（　　）等都是婴儿精细动作设计训练需把握的基本规律。【中级育婴师】

A. 交换取物规律、双手互敲规律　　B. 屈伸规律、左右规律、速度规律
C. 生长规律　　D. 协调规律、动静适宜规律

3. 婴儿社会适应性能力主要表现在（　　）。【中级育婴师】

A. 婴儿学习能力的强弱
B. 婴儿良好习惯的保持
C. 生活自理能力、社会交往能力、保持良好情绪和人格发展等方面
D. 婴儿动作技能的发展

4.（　　）是婴儿进行人际交流的重要手段。【中级育婴师】

A. 情绪和语言　　B. 表情和手势　　C. 情绪和动作　　D. 语言和手势

5.（　　）是对婴儿发展的主要特点不正确的描述。【中级育婴师】

A. 年龄越小，生长速度越快
B. 随年龄增长，生长速度加快
C. 婴儿时期要完成从自然人到社会人的转变
D. 婴儿阶段身体和运动机能的发展遵循从头到足的规律

模块五 婴幼儿照护环境创设

模块导读

环境是婴幼儿照护过程中非常重要的一项内容，对婴幼儿的发展有着重要影响。婴幼儿通过与环境的互动可以得到更好的发展，获得更多有益的活动经验。成人需要为婴幼儿的健康成长创设良好的环境，因此，婴幼儿照护的环境创设技能也就成了保育师必备的技能之一。在本模块中，将着重讲解婴幼儿托育环境及家庭环境的创设原则、注意事项，以及物理环境、心理环境和人际环境的创设技能，并解释托育环境与婴幼儿发展的关系。

学习目标

1. 树立正确的婴幼儿环境观，建立环境育人的意识。
2. 了解婴幼儿照护环境创设的概念、原则及创设方法。
3. 理解托育环境创设对婴幼儿发展发育的意义和影响。
4. 可以为婴幼儿照护创设适宜的环境。

内容结构

任务1 婴幼儿托育环境

案例导入

我们在托育机构有时会看到一些意外事故的发生，例如，有婴幼儿在楼梯上摔倒或撞到桌角，甚至有婴幼儿接触到危险物品。应该怎样解决这一系列问题呢？目前，面向3～5岁幼儿的幼儿园在课程、教学、管理等方面都累积了不少经验，相较而言，现代化的婴幼儿托育机构的开设还尚不成熟，主要是欠缺适宜的环境设计和规划。托育机构的环境应当如何创设？应当遵循什么样的科学依据？这些创设将对婴幼儿产生怎样的影响？通过本模块的学习，将可以找到答案。

任务要求

1. 识记婴幼儿托育内外部环境的创设原则。
2. 理解托育机构环境创设对婴幼儿发育发展的意义。
3. 能够进行托育环境创设。

核心内容

0～3岁婴幼儿正处于大脑和身体高速发展发育的关键期，托育机构的环境将对婴幼儿的身心健康和全面发展产生深远的影响。因此，托育机构环境的创设要将促进婴幼儿身心健康发展放在首位，尽可能符合婴幼儿生理和心理成长规律。当前0～3岁托育质量和环境创设问题制约着托育服务体系的建设与发展。根据《意见》相继出台的几个文件(《托儿所、幼儿园建筑设计规范》《托育机构设置标准(试行)》《托育机构管理规范(试行)》)，旨在为0～3岁婴幼儿这些"最柔软的人群"提供"最安全的照护"。因此，托育机构的建设必须在坚持依法依规的前提下，既要确保安全卫生，做到功能完善、配置合理、绿色环保，还要充分考虑到硬件设施、师资配备和作息安排等因素。

一、托育环境创设的概念与原则

(一) 托育环境

托育环境指托育机构中与婴幼儿密切联系的人物、空间及符合婴幼儿成长健康标准的婴幼儿教育设施设备、装修布局和游戏活动的总和安排，托育机构中环境的创设对于婴幼儿的生长发育会产生深远的影响，所以托育环境是对婴幼儿的一种隐性教育①。

---

① 艾媒未来教育产业研究中心.艾媒报告|2019—2020年中国婴幼儿托育产业发展白皮书[R/OL].(2019-11-22)[2022-07-27].https://www.iimedia.cn/c400/66886.html

（二）托育环境创设

托育环境创设是改善婴幼儿生存环境、提高婴幼儿生存质量的重要手段①。托育环境创设分为物理环境创设和人际环境创设两个方面。物理环境是托育机构的空间安排、物品材质、教具等硬件设施，包括班级环境、公共环境和户外环境；人际环境是指在托育中心里教师和婴幼儿所共同营造的文化，包括师幼关系、家园关系和同伴关系等。随着政策的支持和家长需求的增加，托育市场越来越火热。为了吸引家长的选择，一些托育机构环境的创设更注重的是美观和舒适性，却忽视了环境的教养、培育作用。实际上，托育环境能“滋养”婴幼儿，让婴幼儿感到安全和安心，使其对环境形成依附关系，并且让婴幼儿有机会丰富个人经验。只有环境达到这些目标，婴幼儿才能在被照护的基础上更好地进行情绪、认知和身体的成长与发育。

（三）婴幼儿托育环境创设原则

1. 安全卫生

首先，在安全方面，作为婴幼儿照护和教育场所，要把婴幼儿的生命安全放在第一位。因此设置环境时，需要顾及婴幼儿身心两方面的需求。

（1）身体安全

除了必须注意活动区域光线、色彩、温度、湿度、通风等条件外，特别要注意物品摆放的位置是否合适，如电插座、电线、药品等危险物要远离婴幼儿可以接触的范围，活动中的材料对婴幼儿是否容易造成伤害。婴幼儿在摆弄材料、探索材料的同时，喜欢将小的玩具往嘴、鼻子等部位塞，其实这也是婴幼儿对自己身体的探索，但存在着一定的安全隐患。因此，在选择材料时，尽量挑选体积大又轻、颜色鲜艳、质地柔软、数量多又适合平行游戏的材料，并做到定期清洗、消毒、杀菌。选择的玩具既要提高婴幼儿操作的兴趣，又要便于婴幼儿摆弄。如在建构区，提供大型海绵积木、奶粉罐、大大的毛绒玩具；而图书区中安排布质的图书，既不容易坏，又便于清洗。

（2）心理安全

考虑到环境对婴幼儿的心理影响，要提供尽可能丰富的物质条件与和谐、平等的心理环境，让婴幼儿能深切地感受到关心和爱护、大家的尊重和欢迎，感到自己像在家里一样的温暖，从而可以轻松愉快地在环境中生活、游戏和学习。例如，每个人都有专属于自己的储物柜和小床，被教师温柔以待等。

另外，托育机构的卫生要求也十分严格。托育机构作为集体照护婴幼儿的场所，为避免交叉感染，餐厅、生活场所及卫生间的卫生都要有保障，地板保持清洁很重要，因为婴幼儿喜欢在地板上玩耍，他们使用的玩具、餐具、桌椅等都要定期更换、清理、消毒和清洁。婴幼儿自身免疫力比较弱，通常一个人生病，很可能会传染整个班级。因此，入园检查很有必要，采光、通风都要做到位，为婴幼儿营造卫生的安全环境。

2. 方便舒适

简单、方便是托育机构必备的原则之一，这主要是考虑到婴幼儿的个性特点、自身的行为习惯等。婴幼儿自身的感官停留在极其简单的直觉之上，复杂的东西会让他们感觉困惑，甚至过于复杂的事物会对他们产生不良的影响。例如，婴幼儿使用的桌椅要尽量轻便，方便婴幼儿自行搬运和整理。鞋柜的高度不宜太高，控制在 1 m 以下，有利于婴幼儿自行摆放鞋子进行收纳。盥洗室和卫生间配备成人和幼儿两种高度的洗手池、坐便器和纸巾盒，便于婴幼儿自主如厕、清洗和擦干。

舒适度决定了婴幼儿能否喜欢环境，并且迅速适应环境。良好的学习、生活环境，能给婴幼儿带来良好的心理体验。因此在环境设计上，要考虑舒适度的问题，充分从婴幼儿的感官感受出发，创设

① 朱家雄. 幼儿园环境与幼儿行为和发展的研究[M]. 上海：世界图书出版社，1995.

符合他们感受的、像家一样舒适的环境。人体对环境的舒适度要求包括空气、采光、温度、声音及色彩等方面。空气要清洁无污染，保持室内外空气流通，室外布置一定量的花草树木以达到净化的目的。托育机构最舒适的温度在20℃左右，当温度在27～32℃之间时，会加速婴幼儿的疲劳，超过32℃会引起注意力分散和高温疲劳。托育机构对声音环境的要求是噪声应不大于50分贝，播放适合婴幼儿年龄特征的音乐，不同时播放两个音响等。环境整体的色彩要求是清新明快、鲜艳不失雅致，注意色与光的协调，力争把光照和环境色彩两个因素协调起来，创造一个明快轻松的整体环境。

3. 优美温馨

托育机构环境的创设要符合一定的审美性，在构图、色彩、造型上要符合审美情趣。如室内、室外墙饰画面的人物或动植物要形象逼真，色彩搭配协调，布局合理，富有儿童情趣。婴幼儿在开阔明亮的空间环境中学习和生活，心境也会变得明朗起来，美观自然的环境会让婴幼儿由心而发地感觉到舒适，且婴幼儿在良好的审美的环境下成长对于幼儿的审美情趣培养和对环境的探索有正向的促进作用。例如，托育机构在环境设计中需要合理运用自然色彩进行搭配，用天然存在的色彩安抚幼儿的内心。年龄越小的婴幼儿越喜爱自然色彩的环境，如树林、花园、草地等。因此在环境创设中要特别注意挖掘托育机构现有的潜力，充分利用空闲的角落和场地，利用自然界提供的沙、石、水、动植物等，设立沙坑、水坑、植物角等，让婴幼儿在美丽的自然环境中进行活动，投入学习。另外，借助温馨的环境给婴幼儿营造熟悉感也非常重要。婴幼儿在成长过程中对不熟悉的环境会产生害怕感，而熟悉、温馨的环境则有助于帮助婴幼儿克服害怕感。因此在托育机构环境创设中，应尽量为婴幼儿提供符合他们生活体验的温馨环境，使得婴幼儿对周围环境消除陌生感并喜欢投入这样的环境。具体措施：在机构环境中放有婴幼儿及其家庭成员的照片；有固定的座椅、用品柜，有在家中熟悉的陪睡玩具；玩具及游戏材料丰富多样，其中单一品种玩具或游戏材料数量充足，可满足婴幼儿独立游戏和平行游戏的需要；教师具有良好的沟通交流能力，能和婴幼儿进行情感互动，及时发现他们的需求。

4. 灵活有序

首先，托育机构创设的环境要具有灵活性。一是可根据活动的需要，在不同时间让同一场地起到不同的作用。如同一活动区域可以同时是语言活动或认知活动的场地，在一定空间内使用可移动隔断，方便小组活动时互不干扰（图5-1）。设置这种可变性强的环境既可以提高环境的利用率，向婴幼儿展示对环境利用的创造性，也可以提高婴幼儿对环境的适应能力，更可以让婴幼儿参与更为广泛的学习活动。二是环境的创设要反映婴幼儿身心的水平和特点，适合不同年龄特点和存在个体差异的婴幼儿，尽量使每个婴幼儿都有可能在其中获益，在原有水平上得到应有发展。例如“提高婴幼儿动手能力”，为婴幼儿准备颜料与纸，在婴小班可以进行手指画游戏，在托小班可提供棉棒等工具作画。同样的材料，在不同的年龄阶段可根据发展的需求灵活应用。

图5-1　移动隔断

其次，托育机构的环境创设要有秩序感。我们常常可以看到大人满足了孩子的需求，但孩子仍然无端哭闹，很难安抚。这其中的原因可能是破坏了婴幼儿的秩序感。婴幼儿的秩序敏感期一般始于1岁左右，会持续到2～3岁，甚至会持续到整个学前期。当婴幼儿看到熟悉的物品在熟悉的位置时，会感到舒适安全，但相反秩序被打乱时会感到不安焦躁。因此，对于婴幼儿的生活活动空间，环境的更换不应频繁，收纳和整理的位置尽可能保持固定。这也有利于培养婴幼儿取放物品的良好习惯，让他们知道可以自由选择物品，但用完之后一定要整理好放回原处，这样做可以使婴幼儿更好地自我约束，养成收纳和整理的意识及习惯。

二、婴幼儿托育物理环境的创设

（一）班级环境

在瑞吉欧教育理念中，环境被认为是班级的“第三位老师”。比起幼儿园的幼儿，托育机构的婴幼儿在进行活动时更加依赖材料。班级环境是一项重要的教育资源。精心创设的班级环境可以担任“第三位老师”，为婴幼儿的动作、认知、情感与社会化的发展提供支持。

什么样的班级环境才是适合婴幼儿且深受其喜爱的呢？可以从区域材料的准备和主题墙的设置等方面着手，给婴幼儿创设良好的班级环境。

1. 材料与玩具

要为婴幼儿提供丰富的材料与玩具。为婴幼儿提供的玩具及材料不仅需要生动有趣、安全卫生，还要贴近生活。婴幼儿从生活中获取经验，脱离了生活的材料往往得不到婴幼儿太多的关注。3 岁以下的婴幼儿大多喜欢模仿，还无法进行真正意义上的角色扮演游戏，更趋于平行游戏。根据这样的特点，在投放材料时，相比于丰富的种类，更要注重数量，避免婴幼儿之间过多的冲突。以下是托育机构根据班级的区域，进行的材料投放案例。

案例 1　益智区

水果分类

适合年龄：12 个月以上。
材料：各种塑料水果、贴有色块的箩筐。
玩法：幼儿根据箩筐上的色块将水果按颜色进行分类，并说出水果名称及颜色。
目的：学习按色彩分类。

方形洞洞积木

适合年龄：12 个月以上。
玩法：幼儿根据方形上的图形找到相应的物品，并将物品投入其中。
目的：学习认识各种图形。

拼图、福娃拼图

适合年龄：24 个月以上。
玩法：根据拼图轮廓及提示找到相应的小图片，并将其拼成完整的图形。
目的：培养幼儿的形象思维。

积木组合

适合年龄：12 个月以上
玩法：幼儿根据木块上的小孔，找相应的木棍，并动脑将木片插入木棍底部。
目的：培养幼儿逻辑思维。

案例 2　操作区

1 穿木珠（小动物）

适合年龄：18 个月以上。
玩法：用鞋带从木珠的小洞中穿过，将鞋带串满。

2 穿线洞洞板

适合年龄：18个月以上。

玩法：婴幼儿用绳子从纸板上的小孔中穿过，可先随意穿，再按从简单到复杂的图形穿。

3 拧螺丝

适合年龄：18个月以上。

玩法：在许多螺丝中找到相应的螺帽，并将螺帽拧到螺丝底部。

4 套圈

适合年龄：18个月以上。

玩法：将玩具从开口处相连接变成链子或其他形状。

5 夹夹子

适合年龄：18个月以上。

玩法：将夹子夹到教师提供的画有形状的纸板上，可根据想象随意去夹。

以上案例目的：①帮助婴幼儿加强手指与肌肉的运动，刺激大脑发育；②增进手、脑协调灵活；③培养婴幼儿专注力与耐力。

2. 班级内墙面创设

墙面布置要根据婴幼儿的年龄特点，结合班级开展的主题活动，并随着季节的变化，创设与教育相吻合的环境，认识到托育环境的教育性不仅仅蕴含于环境之中，而且蕴含于环境创设的过程中。因3岁以下婴幼儿的年龄限制，幼儿园式、较复杂的主题墙并不适合他们与主题墙的互动。为了充分利用墙面资源及让婴幼儿更好地与墙面互动，在婴幼儿可触及的地方设计一些墙面玩具、墙面涂鸦(图5-2)，在高一点的墙面上可设计一些简单且贴近生活的内容或他们的作品(图5-3)。过于花哨的墙面虽然在刺激婴幼儿视觉方面有所帮助，但会破坏婴幼儿的注意力，看起来简单，但颜色分明的墙面，反而更能吸引婴幼儿驻足观看。尤其是婴幼儿的兴趣大多来自自身生活经验，贴近生活的内容，对婴幼儿来说更有吸引力。

图5-2　墙面玩具

图5-3　贴近生活的内容

3. 区角的创设

菲尔德(Field)认为，小型分隔区比大型开放区更容易产生高质量的游戏。合理地创设区域，可有效促进婴幼儿的全面发展。1岁以下的婴幼儿尚处于感官发育阶段，因此并不需要像幼儿园一样严格划分角色扮演区、益智区、建构区等区域，但需要提供足够数量且贴近生活的操作类材料。为了促进婴幼

儿的认知发展及培养良好的前阅读习惯，也可以准备一个较舒适的阅读区域。对于7个月～2岁的婴幼儿，可根据需求提供爬行区和学步区。因这个年龄段的幼儿还不能稳步前行，因此地面要足够柔软，并且要给予充足的支持。在此区域内需要准备较软的地毯和可扶着走路的扶手等。一岁半过后，可适当增加操作游戏类区域，例如建构区、益智区等，满足婴幼儿的操作需求。对于2岁后的婴幼儿，可设置更为丰富的区角，这一年龄阶段的幼儿虽然还没有办法进行角色扮演游戏、合作游戏等，但已经具有初步合作意识，会出现互换、互借、分享玩具等行为，因此，可以为其准备贴近生活的角色扮演区。例如，准备仿真蔬菜瓜果、简单的厨具等(图5-4)。

图5-4　角色扮演区

此外，2岁过后，婴幼儿的探索范围及探索欲望更强，也可增加一些美工区、建构区、娃娃家等，丰富的区角，便于婴幼儿游戏、探索(表5-1)。

表5-1　天乐幼儿园托班区角材料投放记录表(2～3岁)

主题名称	区角名称	材料名称	材料图片	教师预设玩法
温暖的冬装	美工区	准备画纸，蜡笔	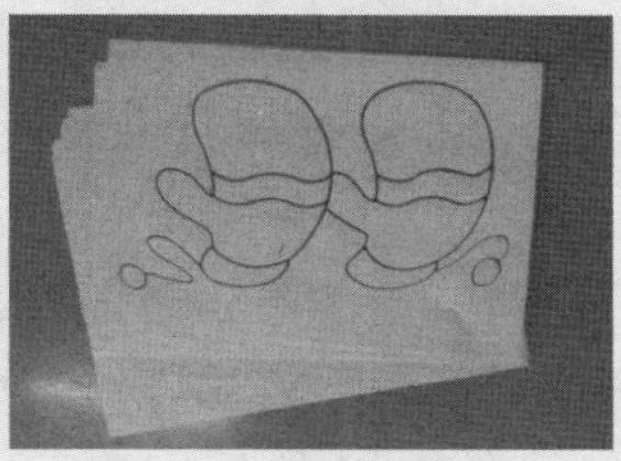	幼儿通过老师准备的画纸，用蜡笔给涂上色
图形找家	益智区	准备不同颜色、不同大小、不同形状的卡片，有形状、颜色、大小轮廓的纸		幼儿通过老师提供的轮廓纸将图形卡片放回去
拉拉链	益智区	准备小拉链和挂钩	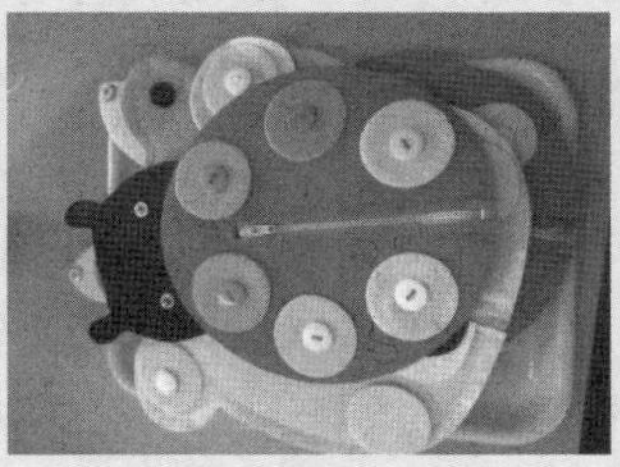	幼儿通过老师提供的玩具学会拉拉链、扣纽扣
小动物回家	建构区	准备火车，小动物的卡片		幼儿通过老师提供的卡片将认识的小动物插在火车上，送它们“回家”

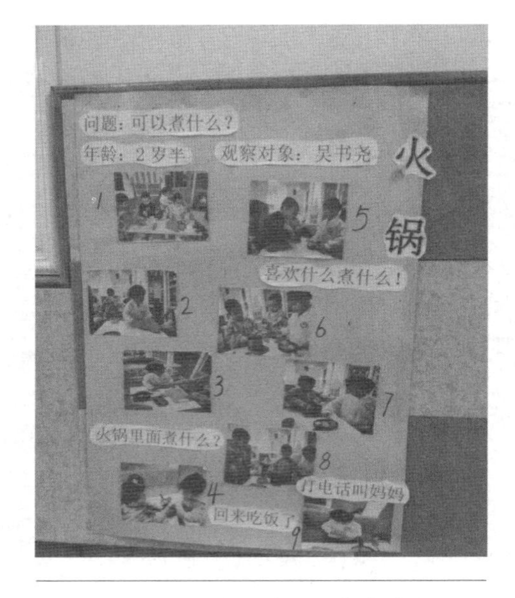

图 5-5　角色扮演区域自主游戏

在区角的材料投放上要具有一定的递进性，以满足婴幼儿随年龄增长而不断提升的活动能力。对于婴幼儿来说，刚开始投放的材料是种类少、数量多，等婴幼儿学会使用这些材料后，慢慢增加材料的种类。例如，2 岁左右的幼儿喜欢在角色扮演区进行游戏，但他们对投放的游戏材料只会摆弄，不会操作，更不会出现真正意义上的角色扮演情境。通过摆放一些贴近生活的材料，如锅碗瓢盆、微波炉以及仿真的蔬菜瓜果等，让婴幼儿通过操作进行互动，并进一步产生角色扮演意识（图 5-5）。

材料的提供还要具有一定的层次性。材料提供应该要考虑到所有婴幼儿，提供符合不同层次婴幼儿的需要，使每个婴幼儿在现有水平上有所发展。每个婴幼儿都存在一定的个体差异，美工区给了他们一个动手动脑的机会。在投放材料时，有难有易，如印章、皱纸（皱纸搓成的球）、胶泥等，婴幼儿们可以运用老师提供的各种材料去尝试，也可以用自己喜欢的材料来操作区域材料。在一项活动中可以采取多种组织形式，例如，美术的粘贴装饰活动，师幼共同搜集多种材料如毛球、毛线、纸团、棉花、花瓣、米粒等。也可以在同一种活动进行时，布置成不同层次的难度，由浅入深，由简单到复杂。例如，在做夹弹珠游戏时，可以先用勺子搬大棉球，然后搬小棉球，然后用夹子夹大棉球、小棉球等。等到婴幼儿技能比较熟练的时候，将材料替换成高难度的如光滑的弹珠，从而激发婴幼儿的激情，以更加努力地练习。

4. 生活区域的创设

在生活区的创设过程中，首先要充分尊重婴幼儿的生理需求。对于婴幼儿来说，年龄越小，对环境的要求就越高。他们不仅需要成人用心地呵护，还需要成人特别关注环境中的安全。在物理环境中，安全因素要放在首位，杜绝可能出现的安全隐患。例如：①避免出现细小物件、尖角；②家具要稳固，甚至是完全固定；③窗户或婴幼儿床的护栏间距符合标准①，以免婴幼儿被卡住；④不出现带刺或有毒的植物；⑤电源插座不会被婴幼儿触及，且都为安全保护插座；⑥清洁消毒用品必须放置在吊柜中，不被婴幼儿触及。

其次，要相信并充分发挥婴幼儿的自主性。婴幼儿也有一定的自我服务的能力，这项能力是婴幼儿今后适应周围环境所必须具备的能力，也是他们今后适应在园生活的基本保障。托育机构不仅要在课程实施中落实婴幼儿自我服务能力的培养，也要通过环境的创设让婴幼儿乐意自己的事情自己做。例如，在墙面和地面贴各种类型的图示，如厕的步骤、洗手图片等，可有效引导婴幼儿模仿图片跟着做。保育师也可以在活动区的四周贴上镜子，有助于婴幼儿观察自己，观察自己的动作和与同伴的动作（图 5-6），从而引起婴幼儿自我服务的兴趣。

图 5-6　贴有镜子的操作台

婴幼儿使用的物品和设备除了安全之外还要兼具科学的设计，以下为尿布台、洗手间、寝室和餐厅的具体环境创设。

（1）尿布台

尿布台分为可移动尿布台和固定尿布台两种。两种都应放置在独立区域，台面上配有安全带，台面平整光滑，便于清洁打扫。高度在 1.1 米左右适宜，方便照护人员操作。并配置垃圾桶，避免由排泄

① 详见《托儿所·幼儿园建筑设计规范》（JGJ39-2016）（2019 年版）。

物引发的各种传染性疾病。可移动尿布台的轮子上应装有刹车，整体做到可移动可固定。移动性尿布台可在台面下方进行储物，固定尿布台可在台面上下方设置柜子，扩大储物空间，方便拿取（图 5－7）。

图 5－7　尿布台

（2）厕所

厕所应有供婴幼儿大小便的厕位及放便盆架的地方，2 岁以下婴幼儿一般使用便盆。卫生间所有设施的配置、形式、尺寸均应符合婴幼儿人体尺度和卫生防疫的要求。卫生间可采用坐便器，坐便器的高度要适合婴幼儿的座位高度，高度以婴幼儿双脚稳步落地为宜，旁边需要加设扶手，并对幼儿进行如厕训练。

（3）盥洗室

图 5－8　盥洗台

适合婴幼儿的盥洗室面积不低于 10 m^2。应按婴幼儿年龄特点，设置使用安全方便的盥洗设备。用流动水，有畅通的上下水道，每班设5～6 个水龙头。设置的高度要便于婴幼儿站立时洗手，以洗手时水不倒流入婴幼儿衣袖为宜。水龙头的间距为 35 cm 左右。距离墙 10 cm，距池底 20 cm 左右，池宽 40 cm，池高 40 cm 左右。盥洗台也可设置成环形水池，可以有效节约空间，将洗手液放置在圆心位置，方便所有使用的婴幼儿同时使用，水龙头可设置成自动出水，便于节约用水（图 5－8）。

（4）寝室

对于一岁半以下的婴幼儿，为了防止坠落的发生，可直接让其睡在地垫上或准备四周有栏杆的婴儿床。1 岁左右的婴幼儿通常睡眠时间无法完全固定，有些婴幼儿甚至会在吃饭过程中睡着，为了兼顾其他婴幼儿，可以把带有栏杆的婴儿床放置在活动室相对较安静的位置，当婴幼儿睡着时可随时让其上床睡觉（图 5－9）。睡围栏床的好处：一是可以防止婴幼儿从床上跌落，二是如果在地垫上睡，会受到其他婴幼儿的干扰，也会在一定程度上阻碍其他幼儿的活动。如有婴幼儿处于睡眠状态，尽量不组织过分活跃的活动，给睡觉的婴幼儿提供相对安静的环境。2 岁左右的婴幼儿睡眠时间相对固定且集中，可直接睡在地垫上，可有效防止婴幼儿从床上跌落。睡眠区应保持较好的朝向和良好的通风条件，避免直射阳光照射。炎热地区应避免西晒，亦可装遮阳设施，寒冷地区应保证冬季室内有足够的新鲜空气容量。窗帘的色彩不能太浅或太深，要有一定遮光性但不能遮得太暗。太暗会让婴幼儿产生错觉，分不清白天黑夜，而过多延长睡眠时间，也可能造成因保育师没有观察到婴幼儿的睡眠情况而发生意外事故（图 5－10）。

图 5－9　婴儿床

图 5－10　婴幼儿睡眠

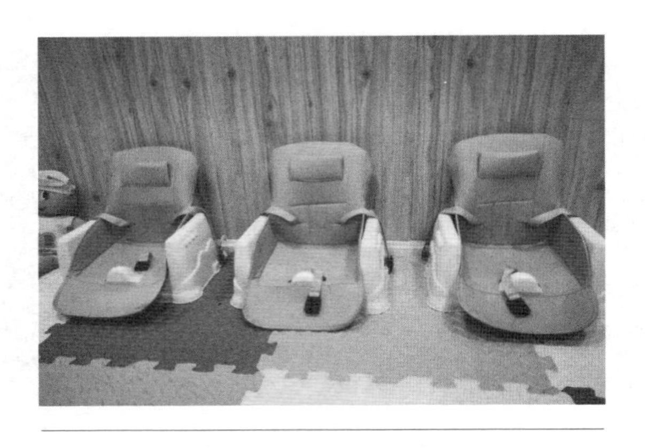

图 5－11　婴儿餐椅

(5) 餐厅

作为婴幼儿集中用餐的场所，为了便于婴幼儿进餐的集中管理，餐厅位置应紧邻厨房或配餐间，光线明亮，可以利用紫外线杀菌，通风条件好，空气清新，也有利于婴幼儿健康。

在进行餐厅环境设计时，餐桌及椅子的高度都要适合婴幼儿的身高，方便他们就餐。不同年龄段的餐桌椅尺寸会有些许差别，对于 2 岁以下婴幼儿，可提供婴儿专用餐椅(图 5－11)。2 岁左右的幼儿可准备较矮的桌椅，椅子的高度以能平稳落脚为准，并鼓励其自主进餐。

在餐具的提供上，不同年龄段和发展程度的婴幼儿也应该使用不同的餐具。例如 1 岁左右婴儿可以准备一次性手套和吸盘碗，并给辅助用的勺子，允许自主抓取食物进食；给 2 岁左右的幼儿提供训练勺、训练筷，锻炼幼儿自主进餐的能力和手部精细动作；为 3 岁左右的幼儿提供尺寸稍大的勺子、筷子和叉子，鼓励幼儿用多种形式进食。

(二) 公共环境

公共环境面向的不仅是托育机构内的幼儿及教师，也包含家长及其他外部人员。公共环境的创设可以反映托育机构的整体面貌，不仅对外部有宣传作用，对内部也有激励、展示作用。精心为婴幼儿布置的公共环境对婴幼儿的发展也有一定的帮助。

1. 大厅环境创设

大厅是托育机构最先给人们展示的公共环境，也是给人留下第一印象的主要环境。优美的大厅环境不仅可以给家长留下良好的印象，也是传达托育机构教育理念及园所文化的窗口。大厅的环境创设主要以机构的展示为主，可从以下 3 个方面着手进行大厅的布置。首先，大厅要对机构的文化及教育理念进行介绍。文字不需要太多，但要简明扼要，让参观机构的人员可以一目了然。其次，可以展示机构的课程特色及教师风采等。除了教育理念之外，托育机构的课程是家长最为关注的内容，也是体现托育机构在早期教育方面优越性的一个重要方面。因 3 岁以下婴幼儿课程还未像幼儿园课程般成熟，很多托育机构也在不断探索园本课程，这些课程大多具有机构自己的特色与实践的沉淀。对于这些课程内容，托育机构可以做一定的展示，方便家长可以直观地了解课程。在大厅里展示教师照片、教师荣誉墙等，不仅可以给家长展示师资力量，也可以提高教师工作的积极性与成就感。最后，大厅还需要一些能引起婴幼儿兴趣的布置。例如，可进行亲子阅读的阅读区或放置一些让婴幼儿感兴趣的玩具区或玩具墙等。这样，不仅可以转移注意力，消除婴幼儿第一次来到托育机构的不安全感，也可促进他们的探索欲望，使他们愿意来托育机构。

2. 楼梯与走廊环境创设

楼梯与走廊是托育机构的重要公共区域，它不仅要面向婴幼儿，也要面对家长和教师等成人，所以在环境创设过程中要考虑婴幼儿与成人两方面的需求。

一方面，楼梯与走廊可以起到对托育机构进行宣传、展示及家园互动的作用。首先，可以在楼梯和走廊布置一些托育机构的文化、日常活动照片等相关内容，也可以贴挂一些婴幼儿的手工作品、画等，以达到宣传、展示的目的。其次，在每一个班级门口的走廊外，可以粘贴课程内容、婴幼儿当天的生活活动情况等，让家长进一步了解孩子在托育机构的情况。例如，在班级走廊门口外粘贴生活作息联络表，在幼儿园阶段家长并不会觉得很有必要，但在 3 岁以下托育机构是非常必要的。3 岁以下婴幼儿由于语言及记忆力的限制，无法向家长清楚地表述自己吃了多少饭，在托育园有没有排便(尤其是大便)等信息。在这种情况下，通过走廊上粘贴的生活作息表，家长在

接孩子时可以了解到孩子的情况，做到家园保育无缝衔接。

另一方面，楼梯与走廊也可以成为婴幼儿良好的活动区域。在走廊可以投放适当的材料，如体积较大的建构类材料、便于拿到户外进行游戏的感统类材料等，都可以整齐摆放在走廊。在走廊也可以创设一些适合婴幼儿高度的涂鸦板、贴有各种材质的触摸板或能引起婴幼儿兴趣的剪贴画等，激发婴幼儿的探索欲望。楼梯是婴幼儿大动作、认知等发展的良好场所，适当的环境创设可有效促进婴幼儿的发展。例如，在楼梯一侧贴上向上方向的小脚丫，另一侧贴上向下方向的小脚丫，可以引导婴幼儿正确通行的位置，以免互相冲撞。也可以贴一些数字，让婴幼儿和教师边唱数边爬楼梯，在生活中潜移默化地学习数的概念。此外，可以在楼梯边设置一个玻璃窗，每到一个中间层就可看到楼下大厅的景象，可增加婴幼儿向上爬的欲望，有助于婴幼儿粗大动作的发展。

案例 1

设置“婴幼儿画廊”，展示以中秋节为基础的幼儿绘画和手工作品。

案例 2

利用气球、灯笼、彩条等物品，师幼共同装饰活动室，营造节日气氛。悬挂关于中秋的诗歌或童谣。

案例 3

在婴幼儿能随意触及的高度贴上贝壳、羽毛、塑料片、毛线、麻绳等材质做的手工作品，让婴幼儿触摸。

3. 公共阅读区环境创设

比起教室内的阅读角，公共阅读区空间更大，可容纳的图书多，年龄跨度大。较深奥的、以文字为主的书放在高层，由教师主要取用；难度较低的图画书放在低处，由婴幼儿自主取用。提供给婴幼儿的绘本不宜过大过重、材质要结实，对于低龄婴幼儿可适当提供布书。绘本的数量和种类不需过多，但要取放方便。在图书区可适当放置沙发等，提供一个温馨、舒适的阅读环境（图 5-12）。

图 5-12　阅读区域

（三）户外环境

户外环境是婴幼儿成长过程中必需的环境，也是托育机构的重要组成部分。目前，虽然国家没有正式出台有关 3 岁以下婴幼儿户外互动时间相关文件和规定，但从各地陆续出台的婴幼儿照护指南中可以看出，0～1 岁婴幼儿的户外活动时间需不少于 1 小时，1～3 岁婴幼儿的户外活动时间需不少于 2 小时，这足以证明户外活动的重要性。因此，越来越多的托育机构开始重视设施设备的配置，让婴幼儿在户外活动中得到全面发展。托育机构的户外环境设计应最大限度地满足婴幼儿的发展需求，且需要尽量保持原生态的自然环境。为了让婴幼儿自由开展活动，观察自然，在大自然中进行探索，除了要在户外活动中准备保证婴幼儿安全的场地以外，还要配备能激发婴幼儿潜能的设施设备。

1. 体能锻炼区环境创设

体能锻炼区是婴幼儿动作发展的重要场所。婴幼儿的动作发展是其他领域发展的前提，婴幼儿拥有良好的体质，才能参与各类有趣的活动。自然环境和设施设备相结合，可有效发展婴幼儿的动

图 5－13　树屋

作。例如，保留原有的古树，依古树建造树屋，围绕古树婴幼儿可以钻、爬、攀、走，充分与自然接触（图5－13）。婴幼儿可以使用那些传统的活动器械，也可以操作、摆弄、移动新的活动材料，来更有效地控制自己的环境。

此外，传统、单一类型的活动设备已无法满足现代婴幼儿活动观念，越来越多的新型设备开始融入婴幼儿的体育活动中，为婴幼儿的发展提供帮助。适合幼儿的、有创造性的活动设施设备包括以下8种活动器械和材料：①由金属和木头混合组成的带有平台、轮子、绳索等的大型攀爬结构；②适合婴幼儿玩的秋千、滑梯；③圆桶、小桥以及平衡木；④游戏房、小木屋以及迷宫；⑤空心木、圆木等大块的经过处理的木头；⑥可以爬进爬出、爬上爬下的城堡或是其他有趣的结构；⑦小货车、平衡车、手推车、玩具马车；⑧塑料箱子、摇船或其他可以乘坐的玩具。

2．沙池环境创设

玩沙，不仅有益于发展婴幼儿的触觉，也对培养婴幼儿的专注力有显著效果。可在沙坑准备各种大小、形状、样式的挖掘工具，提高婴幼儿对玩沙、摸沙的兴趣（图5－14）。玩沙前，尽量做好换衣服的准备，让婴幼儿充分接触沙子。对于1岁左右的婴幼儿，在室外温度适宜的情况下，也可适当让婴幼儿光脚踩沙，充分锻炼其触觉。对于大一点的幼儿，鼓励利用沙具玩沙，并且可以引导其堆出有意义的形状，并用语言进行分享。在玩沙的过程中，教师的视线不得离开婴幼儿，尽量以小组的形式进行游戏，不要扎堆，尤其是对于一岁半以内的婴幼儿，尽量坐得稀疏一些。由于年龄的限制，小年龄段婴幼儿无法产生合作游戏，反而容易因争抢发生意外。在玩沙的过程中也要提醒婴幼儿不可扔沙、扬沙。

图 5－14　沙池

3．水池环境创设

有条件的托育机构可以为婴幼儿准备水池或浇水环境（图5－15），戏水是婴幼儿非常喜欢的游戏，戏水对婴幼儿的触觉发展起重要作用。此外，在水池中行走，不仅锻炼婴幼儿的平衡能力，也可促进骨骼及肌肉的发育。因此，戏水成为夏季婴幼儿不可缺少的游戏项目。保育师可以为婴幼儿在水池中准备一些水桶、喷壶、各种仿真小鱼等玩具，提高婴幼儿戏水的趣味性。但水池的危险性相较其他区域要高很多，因此一定要做好安全措施。首先，水池里水的深度尽量不要高于婴幼儿的膝盖，因为婴幼儿的动作不够灵活，摔倒过后很难快速站起，水过深更容易导致婴幼儿站不起来，进而导致溺水。其次，周围尽量铺一些防水垫，以防地面湿滑，导致摔倒。最后，在水池里戏水的过程中，教师的视线不得离开婴幼儿，以免发生意外。戏水是婴幼儿非常喜欢的游戏，也对婴幼儿身心健康有很大帮助，我们应当保障婴幼儿戏水的权利，但也要做好安全措施，以免发生意外。

图 5－15　幼儿浇水

4. 自然种植区环境创设

3 岁以下婴幼儿因年龄的限制，很难参与种植的全过程，但亲近自然是人的天性。婴幼儿天生喜欢树木花朵，可以根据各年龄段，发挥其潜能，让婴幼儿从小拥有亲近自然，爱护自然的意识。对于一岁半以下的婴幼儿可经常到自然种植区进行观察，自然种植区可以种植一些蔬菜，对于一岁半以上的婴幼儿可适当让其浇水等(图 5－15)。

案例 1①

活动名称：沙箱游戏。

适合年龄：12 个月以上。

活动场所：户外场地。

活动材料：沙池，各种小玩具。

活动方案：

1. 让婴幼儿看到教师把各种小玩具埋入沙子中，请婴幼儿将玩具挖出来。

2. 对于大年龄的婴幼儿，教师可以事先将玩具埋好，只告诉婴幼儿有 4 个玩具埋在沙子里，请他们找出来。

3. 在婴幼儿挖玩具的过程，教师要不断重复“一个玩具，两个玩具……”

活动目标：锻炼婴幼儿的手部动作和专注力，并初步感受数与量的对应关系。

案例 2

活动名称：苍龙飞瀑。

适合年龄：24 个月以上。

活动场所：户外场地。

活动材料：塑料杯子，水。

活动方案：

1. 准备若干一次性杯子，在杯子的不同处钻个小洞。

2. 在杯子里倒上水，引导婴幼儿观察不同的水流方向。

3. 也可以将若干杯子整合起来，不同排列组合挂在墙上，看各种“瀑布”效果。

活动目标：锻炼婴幼儿的观察能力和追视能力，以及简单的数理逻辑。

案例 3

活动名称：壁虎漫步。

适合年龄：24 个月以上。

活动场所：户外场地。

活动材料：绳网攀登架、爬行通道、轮胎、竹梯。

活动方案：

1. 婴幼儿角色扮演，装扮成小壁虎。

2. 教师设置障碍，引导婴幼儿分别爬过“山洞”“树林”“水沟”。

活动目标：婴幼儿通过攀、爬练习，提高四肢的协调性、灵活性。

案例 4

活动名称：追泡泡。

---

① 周念丽，等. 0—3 岁儿童多元智能评估与培养[M]. 上海：华东师范大学出版社，2010：149－150.

适合年龄：18个月以上。

活动场所：户外场地。

活动材料：泡泡水。

活动方案：

1. 教师在户外吹泡泡。

2. 让婴幼儿追着泡泡跑。

活动目标：练习追逐跑和抓泡泡，提高婴幼儿对信号迅速做出反应的能力。

三、婴幼儿托育人际环境的创设

（一）师幼关系

从家庭到托育机构，婴幼儿的生活环境、所接触的人都发生了重大变化，能否顺利适应新的环境，对婴幼儿的身心健康与成长具有重要影响。幼儿教师是婴幼儿接触到的第一个社会化的"权威"，教师如何对待幼儿，教师与幼儿之间的关系如何，都将会影响幼儿今后的学习和生活。

1. 建立"伙伴型"的师幼关系

伙伴教师能促使婴幼儿真正地喜欢并主动地参与学习。例如，在活动结束后，玩完玩具教师喊着、催着让婴幼儿自主收拾玩具，往往效果不佳，婴幼儿不愿意主动参与。但当教师改变方式，说："哎，满地都是玩具，谁来帮老师一起收玩具呀？"婴幼儿会变得兴致高涨，愿意收拾玩具。婴幼儿更接受友善，抵触"冷硬"的发号施令的教育。

2. 建立"亲子型"的师幼关系

0～3岁婴幼儿尚处于与成人建立依恋关系的阶段。托育机构要给婴幼儿家的感觉，让婴幼儿信赖保育师，与婴幼儿建立良好依恋关系。如何让婴幼儿有家的感觉呢？例如在中午，婴幼儿就寝时常常有不愿意睡觉的婴幼儿，会哭着找妈妈。这种情况下，比起勒令婴幼儿闭上眼睛，保育师给予适当的安抚，让婴幼儿感受到教师的温柔、耐心与用心，自然会拉近与教师间的距离。

3. 建立"回应型"的师幼关系

在托育机构的教学和日常教育工作中，师生沟通有着实际的用途，教师熟练地运用师生沟通技能，可以有效地促进教学过程的顺利进行，同时对建立婴幼儿良好的行为规范和健全的心理品质也有积极的作用。当婴幼儿遇到困难时，及时的回应会增进保育师与婴幼儿之间的关系，也可让婴幼儿更加有安全感。"回应"主要包括语言回应和非语言回应。1岁左右的婴幼儿，往往无法正确表达自己的意愿，这时教师及时用语言回应，尤其是替婴幼儿说出他想表达的内容，可让婴幼儿的情绪变得更加稳定。同样，非语言回应也非常重要，经常拥抱、爱抚婴幼儿可提高婴幼儿的安全感，让婴幼儿时刻感受到爱。

（二）家园关系

对于3岁以下婴幼儿，家园共育至关重要。目前，家园联系的主要途径有微信家长群、托育机构公众号、家长园地等。随着互联网的发展，家长可通过公众号接收托育机构的教育理念、动态、重要通知等。通过微信群，班级教师可通知班级内信息、幼儿活动内容、活动视频及照片等。此外，家长园地也是保育师与家长之间沟通的重要媒介。经过家长园地让家长了解婴幼儿每一天在托育机构的活动安排，了解一些简单的育儿知识，以及了解婴幼儿在托育机构的表现。家园共育途径越来越多，保育师要充分利用这些途径，经营家园关系，让家长放心把婴幼儿交给托育机构，并积极配合托育机构，统一教育保育观念，实现家园共育。

（三）同伴关系

在婴幼儿社会化的过程中，随着交往圈逐渐扩大，婴幼儿对外关系的焦点也由亲子关系逐渐向同伴关系转移。托育机构作为婴幼儿建立同伴关系的第一场所，环境的创设能够支持良好同伴关系的建立是尤为重要的。在生活上可以营造集体的氛围，例如在进餐时，比起安排婴幼儿并排坐进行就餐，可以改为安排婴幼儿围坐成一个圈进行就餐，如此增加了婴幼儿面对面交流的机会。3 岁以下婴幼儿通过模仿建立同伴关系，这也是建立同伴关系的第一步，保育师需鼓励婴幼儿对积极行为的模仿，适时进行引导。同时，这一年龄阶段的婴幼儿很容易出现矛盾，对于矛盾的处理，保育师不要急着介入，而是先进行观察，通过观察了解婴幼儿行为背后的原因，并对其进行介入。介入过程中，让婴幼儿学会解决问题的方法，而不是出现矛盾就急于安抚或互相道歉。婴幼儿在此过程中可以学习与人相处的方法，有益于婴幼儿的社会性发展。

四、托育环境与婴幼儿的发展

（一）托育环境与婴幼儿的动作发展

年龄较小的婴儿由于发育不成熟，动作技能不完善，因此需要环境给予支持。例如进餐过程中，需要提供婴儿椅、辅助勺、吸盘碗等特殊餐具来协助婴儿自主进餐。托班的幼儿使用的马桶相较而言尺寸小、高度低，洗手台前可多放置一个矮凳供其攀爬。婴儿还需要单独配置尿布台，方便保教人员进行尿不湿的穿换。教室和公共区域可以放置学步车，设置栏杆扶手，来支持婴儿的独立行走。此外，对于无法走路的婴幼儿，可利用多人婴儿车推到户外散步、晒太阳，以保证其户外活动时间（图 5 - 16）。

图 5 - 16　步用多人婴儿车

另外，要根据婴幼儿最近的发展区，托育机构需要设置有利于婴幼儿动作发展的运动器械、玩具等。例如，在户外设置钻爬区、投掷区、摸高区、平衡区，在小花园增设竹梯桥、荡桥，在楼道边挂一些用于藏身的布帘或坡道等。

（二）托育环境与婴幼儿认知、语言发展

婴幼儿在与托育机构环境的互动中发展着自己的感知力、记忆力、注意力和想象力等多项能力。1 岁以内的婴幼儿基本无法用语言来表达自己的需求，但不应因为婴幼儿无法用语言表达而忽略对语言的输入。环境是很好的媒介，保育师可以利用环境与婴幼儿积极进行对话，以此达到语言与认知发展的目的。例如，保育师可以用绘本与婴幼儿进行对话，也可利用主题墙与婴幼儿对话。婴幼儿通过与环境互动可得到认知能力的发展。例如，利用印有数字的积木发展数感等。

（三）托育环境与婴幼儿情感、社会性发展

婴幼儿的情绪情感不是与生俱来的，而是在环境中不断成熟发展的。温馨的托育环境更容易造就性格温和、乐观积极的婴幼儿。比如，室内物品的摆放有秩序，不杂乱无章。整齐的摆放使幼儿在潜意识感知这个世界是整齐而美好的，这也有助于幼儿养成良好的学习、生活习惯。另一方面，不适宜的托育环境会给婴幼儿的活动造成障碍，从而增加婴幼儿出现问题行为的概率。拥挤的托育环境伴随着婴幼儿数量的增加会导致社会性交往减少，攻击性行为发生的次数增加，导致婴幼儿间矛盾增多。

任务2 婴幼儿家庭环境

案例导入

在家庭中常看到这样的场景：玩具摆放杂乱无章，书籍被压在各种玩具之下，孩子摸到什么玩具就玩什么玩具，同时父母玩着手机，孩子有需求时大声喊叫，甚至要重复多遍家长才懒洋洋地回应。应该怎样解决这些问题呢？通过本任务的学习，将可以应对以上问题。

任务要求

1. 识记婴幼儿家庭环境的创设原则。
2. 可以为婴幼儿创设安全舒适的家庭物理环境和人际环境。
3. 理解家庭环境创设对婴幼儿发展的意义和影响。

核心内容

《意见》明确提出的基本原则之一为"家庭为主，托育补充"。人的社会化进程始于家庭，监护抚养婴幼儿是父母的法定责任和义务，家庭对婴幼儿照护负主体责任。发展婴幼儿照护服务的重点是为家庭提供科学养育指导，并对确有照护困难的家庭或婴幼儿提供必要的服务。研究发现，在家庭中，有孩子独立空间的家庭只占很少的一部分，约占家庭总数的17%，现在许多家庭装潢比较讲究，有的甚至十分豪华，但却忽略了给孩子留下特定的活动空间。调查还显示在幼儿的活动空间中，92%是成品玩具，这反映家长对在家庭中为幼儿创设活动空间缺乏认识和经验。家庭住房条件、生活气氛、家长的教育行为都影响着家庭早期教育环境的创设。

一、家庭环境创设的概念与原则

（一）家庭环境

家庭环境是指婴幼儿在家庭里赖以生存的生活条件的总和[①]。家庭环境分物理环境和人际环境，物理环境是指家庭内部的装修设计、经济状况、生活设施和居住条件等，人际环境包括家庭人员构成、家庭教养方式、家庭氛围等。

（二）家庭环境创设

在婴幼儿的成长过程中家庭教育的作用是首位的，家庭是婴幼儿重要的生活基地和教育场所，也

① 杨晓玲，张和增，等. 儿童行为问题与家庭环境的关系[J]. 中国心理卫生杂志，1992，6(4)：2.

是婴幼儿学习的第一个环境，良好的家庭环境对婴幼儿的一生发展都有着不可估量的作用。家庭环境创设指在家庭范围内为婴幼儿提供保障生活和发展的物质条件及精神条件①。创设一个温馨舒适而又充满童趣的家庭环境，对于婴幼儿的身心发展有着至关重要的作用，也是进行教育的第一步。

（三）婴幼儿家庭环境创设原则

1. 安全性原则

安全作为一切发展的前提条件，要放在家庭环境创设的首要位置。良好的家庭环境可以促进婴幼儿快速成长，为此，家长可从室内物理环境创设和心理环境创设两方面来探究环境创设的安全性原则。

（1）室内物理环境

婴幼儿在室内物理环境的时间最长，家长要为其准备相对安全的室内环境，以免对婴幼儿造成伤害。家具和生活设备要牢固坚实，表面要平整光滑，无尖锐棱角。为防止婴幼儿碰伤，可以在桌角、柱子等物体表面 1 m 以下的部分包裹海绵等；使用餐椅、床等物品时要注意避免婴幼儿跌落；药品和带有腐蚀性的消毒用品等要妥善管理，以防婴幼儿误食；如婴幼儿处于爬行或学步阶段，家里的地面是硬质瓷砖等，应为婴幼儿准备软垫，以免摔伤。

需要注意的是，安全并非意味着家长要消除家庭物理环境中所有一切潜在的危险，如不能因使用剪刀会有潜在危险就不允许婴幼儿接触与使用剪刀，这是“因噎废食”的做法，也是一种消极的安全，一旦当婴幼儿处于一个具有潜在危险的环境时便会因不知如何应对而增加受到伤害的可能性。关键问题不是消除家庭物理环境中所有潜在危险以营造“绝对安全”的环境，而是帮助婴幼儿学习应对一些常见的潜在危险（如剪刀的使用等）的方法，增强婴幼儿的安全防护意识与能力，这才是积极的安全。

（2）心理环境

家庭成员之间的关系、家庭氛围，尤其是夫妻关系对婴幼儿身心健康发展产生非常重要的影响。长期处于高压的家庭环境中的孩子，在心理发育、性格养成方面都将受到一定影响。例如，在夫妻关系不和、经常吵架的环境中长大的孩子长大后会对社会产生不信任感；受到长期打骂的孩子在成年后在社交方面会表现出退缩。此外，因我国女性工作比例高、传统文化等特殊国情，隔代养育成为常见现象。在隔代养育过程中，婆媳矛盾、教育观念的不一致等都将给婴幼儿的心理带来一定影响。不和谐的家庭环境将给婴幼儿带来不安全感，影响其心理行为的正常发展，因此家长要致力于给婴幼儿营造温馨的生活环境。

2. 适宜性原则

适宜婴幼儿的环境主要包含两个方面，一是要适宜其年龄，二是要适宜其性别。

（1）年龄

首先给婴幼儿创设的环境要符合其年龄特点。对于 1 岁以下的婴幼儿要注重婴儿床的环境创设，如在床头挂上铃铛等促进婴幼儿的视觉、听觉发展。或者可以为其提供以感官发展为主的声响玩具，如满足其口欲期的咬牙棒等。到了 1 岁左右，婴幼儿的行动范围变得越来越广，这时可适当提供学步器发展粗大动作，提供手拍鼓、夹子、嵌板等发展其精细动作。2 岁左右的幼儿可以提供更加丰富的玩具，这个年龄阶段幼儿的兴趣范围越来越广，可适当把生活中的穿脱、扫地、洗脸刷牙当成游戏来进行。

（2）性别

性别分为生理性别和心理性别，生理性别是染色体、激素分泌等导致的生殖系统上的男女差异，

① 尹亚楠，吴永和．蒙台梭利家庭方案［M］．杭州：浙江教育出版社，2020．

心理性别是对自己生理性别的认同感，对男女差异的认知察觉和心理感受。0～3岁是形成性别意识的重要时期，虽然不建议在家庭环境创设上对男女性别进行严格的差异化，但在某些方面可以为其创设符合性别特点的环境，让婴幼儿认可并接收自己的性别。例如，在家具的选择上，提供能突出女孩特点的粉色系，为男孩提供突出男孩特点的蓝色系；在着装方面，给女孩穿裙子，不擅自给男孩扎头发、穿裙子等；在玩具的选择上，可以给女孩准备布娃娃等，男孩多准备玩具枪、玩具车等。当然，也有可能女孩子喜欢枪、男孩喜欢毛绒玩具等情况，家长不要因这种个人喜好而觉得“女孩子要有女孩子的样”或“男孩子要有男孩子的样”强迫孩子不能接触和性别不符的玩具。而是尊重喜好，适时引导，只要让婴幼儿有正确的性别观即可。

3. 趣味性原则

家庭环境创设中除了安全性和适宜性外，趣味性也是不可忽视的。家庭环境创设的趣味性能让婴幼儿在成长中更开朗，对空间环境产生好奇和探索欲，激发求知欲。如在冰箱门上贴许多有趣的食物卡通图案，既能帮助婴幼儿认识常见食物，学习营养成分，还能帮助婴幼儿养成多吃健康食物的良好习惯(图5-18)。又或者放置造型夸张的垃圾桶，比如垃圾桶的口是青蛙张大的嘴巴，这样的垃圾桶有利于引起婴幼儿丢垃圾的兴趣，使丢垃圾变成了“喂青蛙吃饭”的有趣任务，进而培养婴幼儿垃圾要投进垃圾桶的意识(图5-19)。还有，在卫生间可以在婴幼儿浴盆中摆放沐浴玩具，如游水的小鸭子和浇上水会转的水车，沐浴玩具的陪伴会使得婴幼儿更加享受沐浴时光。

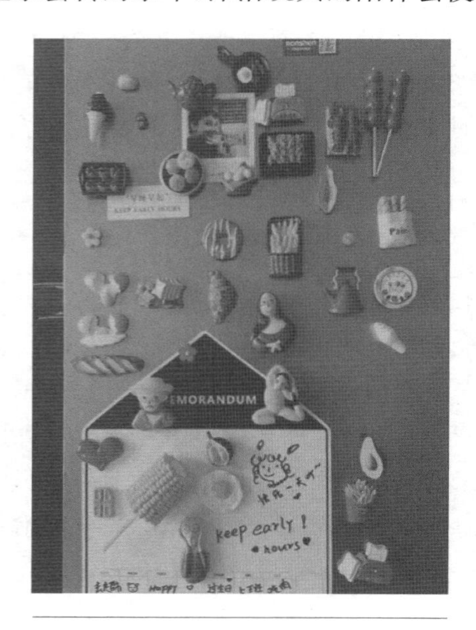

图5-18　冰箱门上的食物

图5-19　垃圾桶

4. 美观及教育性原则

注意美化家庭环境。美的家庭环境表现在家具的款式和摆设，室内颜色的搭配、光线明暗的处理等符合美的规律，这样的环境美化有利于婴幼儿审美修养的提高。另外，家庭环境的美化要注意让婴幼儿参与，让他们用自己的双手美化自己的生活环境，以培养其表现美的情趣和能力。在创设良好的家庭物质环境时，家长要本着量力而行的原则，尽可能地做到科学化、儿童化、审美化，切忌盲目性。

环境作为第三位老师，不仅具有美化的作用，更是实现教育意图的重要媒介，因此家庭环境的创设一定要发挥环境的教育功能。教育功能要尽可能全面，也就是环境的创设应遵循有利于婴幼儿身心素质全面发展的原则，比如提供婴幼儿身体和动作训练的条件，提供婴幼儿感知、想象和思维训练的条件，以及提供婴幼儿交往和交流发展语言的条件。具体可采取的措施有：将一张废报纸团成纸球变成婴幼儿练习投掷游戏的用品；将废弃的皮鞋盒子竖起来，变成婴幼儿练习腿部力量的球门，锻炼婴幼儿腿部动作的协调。在家庭中固定每位成员使用的拖鞋、毛巾、餐具等用品，并引导婴幼儿加以

区分和辨认，以此来锻炼婴幼儿的思维能力。还可以在家中购置智能音箱，时常播放音乐、故事、儿歌等，刺激婴幼儿语言能力的发展。

二、婴幼儿家庭物理环境创设

家庭物理环境是家庭生活和教育的基本要素，在个体成长过程中起重要的作用。实践中，创设有利于婴幼儿身心健康的家庭物理环境，要考虑卫生和布置两个方面的安排。

（一）家庭卫生

在家庭环境创设中，首先要考虑卫生。卫生方面，房屋要注意通风，特别是厨房和卫生间，垃圾容易堆积，经常用水的地方要时常保持干爽整洁；居室要勤打扫，坚持湿拖把擦地或先洒水后扫地，防止灰尘对空气的污染；不要在室内吸烟；居室内养殖一些吊兰等植物，对净化室内空气有益；婴幼儿的衣物和大人的衣物分开清洗，同时在洗涤衣物的时候使用具有防螨抑菌效果的洗化产品，特别是婴幼儿的衣物，最好选用纯天然提取的婴幼儿专用产品，配方须注重高效抑菌且能清除衣物上残留的细菌、螨虫，温和无刺激。家庭空间是3岁以下婴幼儿生活的主要空间，干净整洁的室内环境不仅可以避免疾病，也可以让婴幼儿耳濡目染，培养良好的卫生习惯。

（二）家庭布置

布置方面要考虑到婴幼儿衣食住的便利性，要给婴幼儿留有活动的空间。在家庭中，要给婴幼儿充足的活动空间，家庭装潢、环境布置应考虑婴幼儿的需要。

1. 婴幼儿玩耍区的布置

新生儿大多数时间会在睡眠中度过，但这并不意味着只提供一张床就可以。新生儿一般在2周过后，就可以为其准备爬爬垫，可适当为其做被动操，满月过后可以适当给其翻身，俯卧10秒左右，为其锻炼抬头。随着月龄的增长，玩耍区内不仅要准备爬爬垫，也要准备一些益智类玩具、感官类玩具等，丰富婴幼儿玩耍区的布置。

到了1岁左右，随着玩具越来越多，要在玩耍区放置专门的玩具收纳箱，如果没有专门的收纳箱，婴幼儿将乱放玩具，这对玩具的保养和幼儿的习惯养成都不利。准备一些小箱子、小架子，这样既能培养婴幼儿用什么拿什么和用后及时放好的习惯，也有利于有意注意的培养。除了玩具的准备以外，也建议为婴幼儿准备小书架（图5－20）。如果条件允许，可以为婴幼儿创设一个温馨的阅读角，放置一个舒适的沙发，以供家长抱着孩子一起享受阅读时光。

图5－20　书架与玩具架

2. 婴幼儿寝室的布置

对于中国家庭来说，目前很少有家庭让3岁以下的婴幼儿单独在一个房间睡觉。很多情况下会在同一房间内就寝。对于新生儿，尽量为其准备婴儿床或睡篮，做到同房不同床。这样不仅有利于保证婴幼儿的睡眠安全，也可以帮其养成独立性。当婴幼儿躺在婴儿床或睡篮时，要及时清理除被子以外的物品，以免发生意外。

当婴幼儿学会爬、走步，活动范围变大后，他们会逐渐拒绝在婴儿床入睡，尤其是学会走路后婴儿床变得不够安全。安全的做法是利用30 cm以下的矮床(图5-21)，便于婴幼儿上下床，如果涉及换床，也可在床边装上护栏(图5-22)。对于年龄较大的婴幼儿，建议增加护栏的高度，避免在家长未注意时，孩子翻过护栏跌落。并且，可以在床边加保护垫，如果婴幼儿摔下床，能起到一定的缓冲作用。此外，因为婴幼儿正在快速地生长发育，偏硬的床垫有利于骨骼和脊柱的生长，也有利于婴幼儿学习爬行、翻身等动作。

图5-21　30 cm高度的矮床

图5-22　装有护栏的床

床的位置不要距窗台过近，避免会爬、会站的婴幼儿爬出窗户，发生坠楼事件。如果是3个月以上的婴幼儿，由于其颈部弯曲已逐渐形成，可以使用枕头，对颈曲的形成有一定的帮助。随着月龄增加，可以逐渐增加枕头的厚度，保证其睡眠质量。1岁左右的婴幼儿可以在寝室中提供符合婴幼儿身高高度的储物柜，以敞开式的为主，便于分类放置。婴幼儿可以自行拿取玩具、书本和衣物，也可锻炼他们的自理能力。

图5-23　哺乳枕

3. 喂养区的布置

合理科学的喂养对生命早期的健康发展起着重要作用，在生命的第一年，很多婴幼儿要进行母乳喂养，世界卫生组织提倡，如果有条件可持续母乳喂养到2岁。无论是奶粉喂养还是母乳喂养，在生命的最早期，母亲要花大量时间在婴幼儿的喂奶上。哺乳不仅给婴幼儿补充营养，也可培养亲子之间的亲密感情，因此，一个布置得温馨且舒适的喂奶环境是必不可少的。可以为母亲准备一张舒适的沙发，如有条件，也可准备哺乳枕(图5-23)，喂奶区要远离电视或嘈杂的环境，让母亲全身心地关注宝宝。

6个月过后，要及时给婴幼儿添加辅食，进餐方面需要布置婴儿餐椅。餐椅要选择便于打扫和柔软稳定的材质。餐椅尽量放在大人的餐桌旁，喂辅食的时间尽量选在大人的就餐时间。其乐融融的就餐氛围不仅可以增加婴幼儿的食欲，也可让婴幼儿模仿大人用餐，对于养成良好的用餐习惯也有帮助。

此外，要为婴幼儿准备专门的辅食剪和辅食锅，婴幼儿食量较小，底部面积小、深度大的锅更适合为婴幼儿烹制食物。吸盘碗、辅助勺和辅助筷是婴幼儿自主进餐过程中必不可缺的工具，这些餐具可以促进婴幼儿手部精细动作的发展，提升他们自主进餐的能力。

4．排便与如厕环境布置

对于1岁前的婴幼儿需要准备尿布台对其进行换洗的护理。尿布台尽量要宽，上面要放置尿布、纸巾、润肤油、护臀膏等物品，旁边还要放置一个垃圾桶。尿布台的台面要整洁，上面要放柔软的棉被或垫子，让婴儿在舒适的环境下更换尿布或衣服。尿布台的台面高度要在养育者腰部部位，这样可有效减轻腰肌劳损。婴儿在4个月过后会变得活跃，很有可能出现从尿布台跌落的情况，因此养育人的视线不得离开。

1岁左右，婴幼儿可扶物站立，这时拉拉裤更适合活动量大的宝宝。为1岁左右的婴幼儿换拉拉裤，可以为其准备适合高度的椅子，让其坐在椅子上更换拉拉裤。

对于2岁左右的婴幼儿，洗手间将是频繁使用的一项生活设施，他们可以通过如厕行为养成良好的大小便习惯，掌握生活自理能力。卫生间的坐便器、洗脸台、浴柜、镜子等，最好能做到遵照婴幼儿的尺寸进行设计，调整水龙头的高度，如果条件有限，可以在坐便器和洗脸台下方放置平稳的小板凳，缩短婴幼儿与设施间的高度差距，在成人马桶圈上放置婴幼儿马桶圈，让幼儿自主如厕（图5－24）。

图5－24　幼儿马桶圈和板凳

三、婴幼儿家庭人际环境创设

良好的家庭环境总是离不开优良的人际环境，人际环境是一种综合的教育力量，是思想、生活习惯、教养方式、情感态度、精神情趣及其他心理因素等多种成分的综合体。人际环境通过日常生活影响婴幼儿的心灵，塑造婴幼儿的人格，是一种无言的教育，但又是最基本、最直接的教育，它对婴幼儿的影响是全方位的。父母可以从以下两个方面来创设更好的人际环境来培养婴幼儿。

（一）营造愉悦的家庭气氛

1．保持家庭的和睦气氛

为婴幼儿的健康成长创造一个温情的家庭环境，使婴幼儿从小就能体验到和谐的人际关系及积极乐观的情绪。家庭的破裂往往使婴幼儿从小就感到人际关系的复杂、人与人之间的争斗，也使婴幼儿享受不到完整的父爱和母爱，不利于其情感的健康发展，并对其心理和行为的发展造成很大的消极影响。

2．父母保持正确的抚育态度

父母对子女的过分溺爱、担心、保护或者过分严格、歧视，以及对子女不切实际的过分期望等，都不利于婴幼儿人格的健康发展。要重视婴幼儿的挫折教育，从小培养他们克服困难、应对挫折的能力。作为父母，不可一味地满足孩子的要求，尤其是物质上的要求，一味地迁就并不是对婴幼儿的关爱与优良抚育。在日常生活中,应有意识让婴幼儿做一些力所能及的事情,即使婴幼儿完成的效果不佳,也要及时给予鼓励,做出积极的反馈,从而培养他们自立的品质,增强自信。

3. 发挥父母的榜样作用

父母是婴幼儿的第一个崇拜者。在婴幼儿幼小的心灵中,父母的权威性、榜样性是十分强大的。父母的一言一行都会对儿童产生潜移默化的影响,所以,父母在各个方面都要注意给孩子树立良好的榜样,以身作则,身教重于言教。例如,家长整天只顾着看手机,会让婴幼儿从小对手机感兴趣,这不仅会缩小婴幼儿的兴趣范围,也对婴幼儿的注意力培养不利。对于婴幼儿,是非观还未形成,很多事情还不能进行正确区分与判断,此时的父母就要尽量地做到严格要求自己,不要图自己一时之欢而误导了婴幼儿。

(二)培养婴幼儿良好的生活习惯和能力

让婴幼儿有规律地生活,养成良好的饮食、穿衣、大小便的习惯,培养婴幼儿自己吃饭、洗手、洗脸、穿脱衣服的能力,便于婴幼儿长大后能独立、健康地生活。

1. 生活有规律

很多托育机构的保育师会抱怨,在托育机构形成的良好生活习惯在周末休息的两天中被破坏。规律的生活习惯,可以形成动力定型,可以让婴幼儿从容面对日常生活流程。反之,婴幼儿无规律的生活,容易使其身体的免疫力下降,频繁生病。因此,从小让婴幼儿的生活有规律,可以帮助婴幼儿养成好的生活习惯,提高身体素质。

2. 养成良好的卫生习惯

婴幼儿是在玩中学习的,只有在不断的玩中才能学到知识,然而在玩的过程中经常会接触到各种细菌,因此让婴幼儿养成良好的卫生习惯也非常重要。婴幼儿 2 岁多的时候,爸爸妈妈应该教婴幼儿学会洗脸、洗手,以及引导婴幼儿把垃圾扔进垃圾桶里,摒弃乱丢东西的习惯。

爱劳动是社会的美德。2 岁左右的婴幼儿我们可以引导其养成爱劳动的好习惯。这一年龄阶段的幼儿还不能明白什么是劳动,但是可以把劳动当成日常的游戏活动。例如,在叠衣服时让婴幼儿帮忙叠一叠小手帕和袜子,吃饭前给大家分发筷子等,让婴幼儿在日常生活中获取经验,获取成就感,愿意劳动。

3. 尊重婴幼儿的情感

有理不在声高,心服才能服人,对于婴幼儿也是一样的。3 岁以下的婴幼儿也和大人一样有自己的情感。需要要求婴幼儿做某件事的时候,尽量以商量的语气说话,而不是用命令的口吻。如果婴幼儿不愿意,也不要强迫,家长要学会耐心等待。

四、家庭环境与婴幼儿的发展

(一)家庭环境与婴幼儿的动作发展

家长对婴幼儿的关注首先是从关注婴幼儿的动作发展水平开始的,经常会听到家长这样的话:“我家娃 8 个月了还不会爬,怎么你家娃这么快就学会走路了?”透露出家长对婴幼儿动作发展的强烈关心。家庭环境会深刻影响婴幼儿的动作发展,除了一般生活照料的必需物品以外,要给婴幼儿创造丰富感觉刺激的环境。

对于婴儿,要穿着宽松,方便其活动,以促进其大动作的发展。可以为婴儿准备较柔软的垫子,在软垫上,可以做一些被动操、翻身、爬行训练等,锻炼婴幼儿的肢体力量和手部动作的协调性,这也有助于手眼协调能力的进一步发展。对于学步儿,可以稍微整理一下沙发、茶几周围,确保周围没有其他能绊倒孩子的物品,再让其练习走步。有关精细动作,可为婴幼儿准备带有把手的奶瓶或勺子、夹

子等，让其充分发挥动手能力。对于2岁左右的幼儿，可以提供球类、工具类等更多玩具，让其动作得到更好的发展。

（二）家庭环境与婴幼儿认知、语言发展

婴幼儿是天生的学习者，他们一出生就具备了多种技能，尤其喜欢探索周围的世界。作为婴幼儿身处时间最长的家庭环境，在支持婴幼儿认知发展方面起着重要作用。认知能力包括注意、观察、记忆、思维等。

婴儿床头上，悬挂一些婴幼儿感兴趣的玩具，如彩色的环、铃和气球等，最好是颜色鲜明或伴有响声的，方便婴儿进行注视和追视游戏，锻炼婴儿的注意力和反应力（图5－25）。1岁过后，可为婴幼儿提供更多的益智玩具、图卡、绘本等，家中也可栽培一些植物，或养一些小动物，供婴幼儿观察。

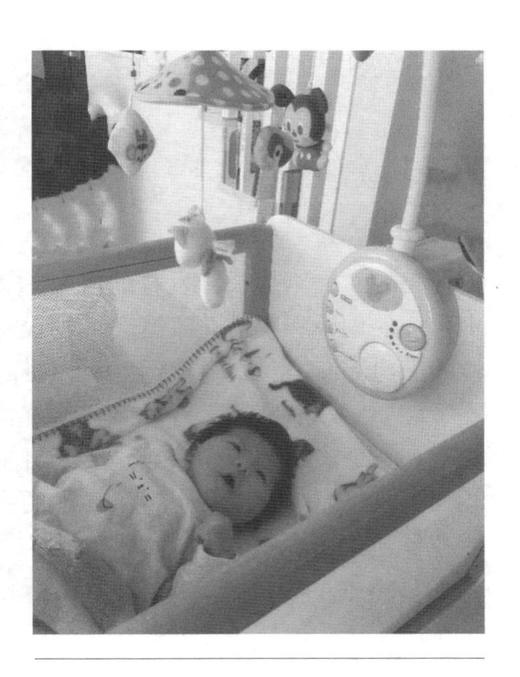

图5－25　悬挂玩具

家长还可以和婴幼儿一起根据天气、节日或重大事件来布置家庭环境，一起做游戏、一起庆祝、一起感受节日的氛围等，提高婴幼儿参与活动的积极性。让婴幼儿在参与过程中了解天气的变化、传统节日文化和家庭重大事件并亲身经历、体验节日的快乐，在各种活动中促进认知的发展。

语言能力是在运用的过程中发展起来的，发展婴幼儿语言的关键是创设一个能使他们想说、敢说、喜欢说、有机会说并能得到积极应答的环境。家庭作为婴幼儿成长的第一环境，语言的环境是至关重要的。家长用优美、规范的语言和婴幼儿交流，在良好的语言环境里，幼儿的语言能力才能得到快速的发展。即使是不会说话的婴幼儿，家长也要积极与其对话，进行语言方面的输入，以促进婴幼儿语言的发展。家长也可以提出一些问题，引起婴幼儿的好奇，引导他们去思考、探索。在婴幼儿的教育中，应寓有意于无意之中，寓教育于娱乐之中，激发婴幼儿的兴趣，使家庭教育具有趣味性和科学性。同时家庭物理环境的创设也会深刻影响婴幼儿的语言发展。家中空白墙壁上可以悬挂教育挂图、图画书等材料（图5－26），婴幼儿可以自由观察和阅读。

图5－26　有声教育挂图

（三）家庭环境与婴幼儿情感社会性发展

良好的家庭环境会使婴幼儿产生舒适的情绪，家庭应为婴幼儿提供卫生、安全、舒适、充满亲情的日常生活环境和充足的活动空间，以及温度适宜、空气新鲜、光线柔和的睡眠环境。这样的家庭环境是婴幼儿舒适成长的必要条件，可以帮助婴幼儿逐渐形成有规律的睡眠、形成良好的秩序感，同时，也能对婴幼儿的舒适情绪进行有效调节。

良好的家庭环境也是婴幼儿身心发展的重要基础，是婴幼儿亲社会行为形成的摇篮。良好的家庭环境中，物理环境为婴幼儿提供舒适和充足的条件有利于婴幼儿养成分享、合作和帮助的亲社会行为。如果家庭中养宠物或者植物，也有利于婴幼儿形成责任心和同情心等积极的社会性情感。值得强调的是，

除了丰富的物理环境，人际环境在婴幼儿社会性发展的过程中起着更加重要的作用。人际环境的健康表现在父母感情融洽、和睦相处、相互尊重、对婴幼儿教育态度一致。为了给婴幼儿创造一个温馨、健康的成长环境，作为父母要互敬互爱，营造温馨、和谐、幸福、充满爱的家庭氛围，这样家庭的婴幼儿更容易成为一个阳光、快乐、友爱、亲社会型的婴幼儿。反之，如果家庭气氛凝重，父母关系紧张，婴幼儿就容易性情孤僻、冷漠、暴躁，甚至伴有攻击性行为。

模块小结

婴幼儿处于生长和发育的快速、关键时期，环境的安全与合理是至关重要的。本模块从婴幼儿托育环境的创设和婴幼儿家庭环境创设两方面提供环境创设的指导，具体内容包含物理环境和人际环境的搭建，为托育机构教师和家长均提供了详细的信息。婴幼儿物理环境的创设要以安全、卫生为首要考虑要素，综合考虑方便舒适、美好温馨、灵活有秩序等原则。人际环境的创设要尽可能符合幼儿生理和心理成长的规律，营造安全、自主、能激发婴幼儿学习和思考的环境。总体而言，除了托育机构教师和家长要做营造安全卫生环境的主体，婴幼儿本身也应注意引导，成为助力安全卫生、美好环境的一分子。

思考与练习

在线练习

一、选择题

1. 作为婴幼儿照护和教育场所，婴幼儿的（　　）被放在最重要的位置。
   A. 兴趣爱好　　B. 生命安全　　C. 卫生条件　　D. 生理需要
2. 婴幼儿托育环境创设的原则不包括（　　）。
   A. 卫生且安全　　B. 方便且舒适　　C. 有趣且多变　　D. 灵活且有秩序
3. 传统的固定的室外活动器材包括（　　）（多选）
   A. 攀爬栏杆　　B. 旋转木马　　C. 跷跷板　　D. 秋千
4. （　　）是儿童的基本活动和主要的学习方式。
   A. 读绘本　　B. 听音乐　　C. 绘画　　D. 游戏
5. 以下托育人际关系中不恰当的是？（　　）
   A. 伙伴型关系　　B. 亲子型关系　　C. 回应性关系　　D. 默认型关系

二、判断题

1. 比起教室里的阅读角，公共阅读区只可以放置适合婴幼儿的书籍。（　　）
2. 婴幼儿的衣服颜色越鲜艳，甲醛超标的风险就越小。（　　）
3. 托育机构应当设有室外活动场地，配备适宜的游戏设施，且有相应的安全防护设施。（　　）
4. 家庭作为婴幼儿成长的第二环境，语言的环境是至关重要的。（　　）

三、简答题

1. 托育机构环境创设有哪些原则？
2. 如何在托育机构的班级中为婴幼儿创设主动探索的环境？
3. 家长应该如何尊重婴幼儿的情感？

4. 托育机构中班级材料的投放应遵循哪些原则？
5. 在家庭环境创设中如何创设更好的人际环境？

四、设计、论述题/实务训练

1. 为婴幼儿打造健康安全的班级环境。
2. 为婴幼儿打造自我服务的家庭环境。

聚焦考证

1. 最多见的阳台隐患是高空坠落，对于坠落的安全隐患，可以采取有效措施，以下做法错误的是（　　）。【中级育婴师】
   A. 在阳台边上设立护栏
   B. 窗户、阳台及时安装安全、牢固的护栏或者纱网
   C. 窗户、阳台旁边不放幼儿能攀爬的家具
   D. 阳台周边摆放桌椅
2. 照护人员不能墨守成规、故步自封，这体现了婴幼儿照护人员（　　）。【中级育婴师】
   A. 文明礼貌　　B. 团结协作　　C. 热情服务　　D. 开拓创新

模块六 婴幼儿生活照护能力评价

模块导读

评价是运用标准对事物的准确性、实效性、经济性以及满意度等进行评估的过程。本模块聚焦对家长和托育从业人员的生活照护能力进行客观、科学、全面的评价。科学评价是能力提高的重要前提和必备技能，评价不是为了高低比较，而是为了提高对婴幼儿生活照护的质量。因此，本模块的学习是婴幼儿照护能力的拓展与深化。

在学习本模块的过程中，需要结合先前学习的知识和技能，在归纳总结的基础上加以灵活应用。学习方法方面要注意理论与实践相结合，关注生活中婴幼儿照护的实例，结合所学知识进行分析，并且进一步指导实践。

学习目标

1. 尊重科学循证的保教，形成正确的评价观，以评价促进家长及保育师生活照护能力的提高。
2. 理解生活照护能力评价的目的与意义。
3. 掌握对家长生活照护能力评价的内容与方法。
4. 掌握对托育从业人员生活照护能力评价的内容与方法。

内容结构

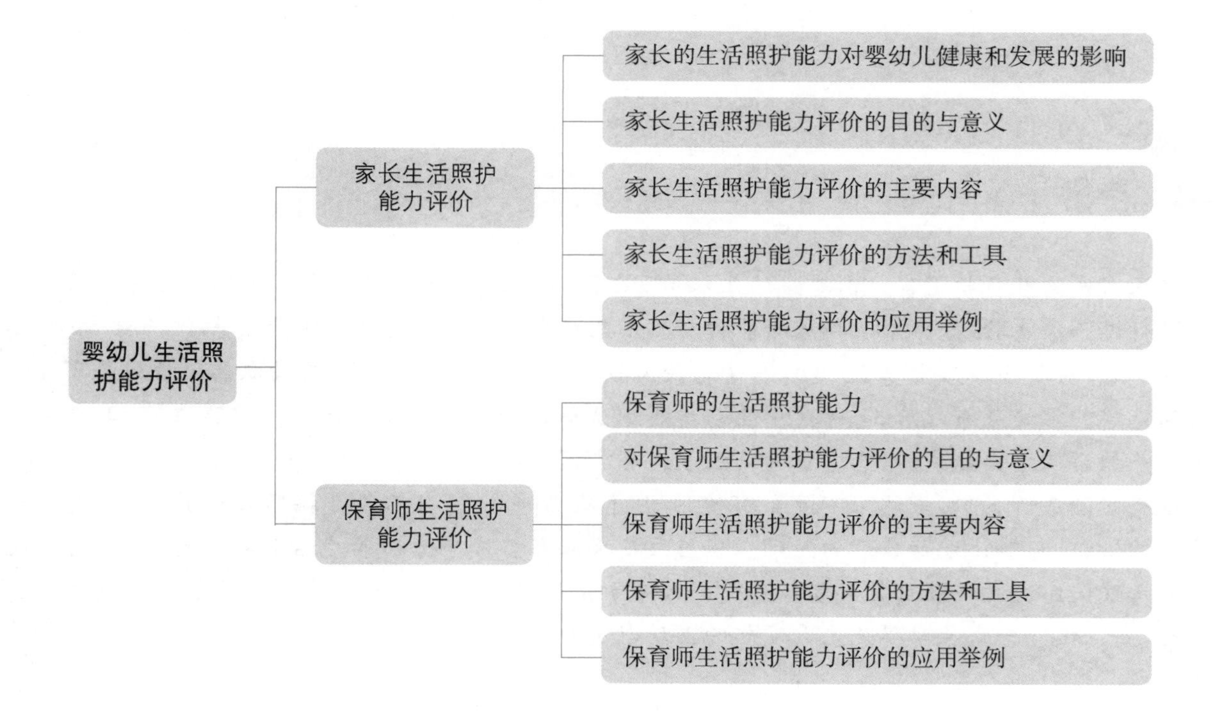
婴幼儿生活照护能力评价
家长生活照护能力评价
家长的生活照护能力对婴幼儿健康和发展的影响
家长生活照护能力评价的目的与意义
家长生活照护能力评价的主要内容
家长生活照护能力评价的方法和工具
家长生活照护能力评价的应用举例
保育师生活照护能力评价
保育师的生活照护能力
对保育师生活照护能力评价的目的与意义
保育师生活照护能力评价的主要内容
保育师生活照护能力评价的方法和工具
保育师生活照护能力评价的应用举例

任务1 家长生活照护能力评价

案例导入

换尿布是家长照护1岁以内婴儿的基本功。但是家长真的会换尿布吗？日本著名的日用品公司花王进行过一次实验，探索家长换尿布能力与婴幼儿社会性发展的关系。实验招募了46组母子(婴儿均为5个月，男婴20名，女婴26名)，邀请母亲为孩子更换尿不湿，利用语言读取器记录换尿布过程中母亲的语言。更换尿布以后，通过亲子互动游戏测试婴儿的社会性发展情况。实验证明，更换尿布过程中家长的语言输出越多，语言中正面词汇表达越丰富，婴儿的社会能力发展越好。

这个实验告诉我们，虽然尿不湿会有使用说明，但是更换尿布不仅是按照正确的步骤，更需要照顾婴儿的情绪，与婴儿进行合理的互动。不应该把换尿布当成单方面的生活照护，而是该把它当成家长和婴儿共同完成的一项日常互动活动。那么对于换尿布的评价就不应该仅仅停留在更换的步骤正确与否，更应该包含家长对婴儿主动发起的互动以及对婴儿的回应。

任务要求

1. 明确对家长的生活照护能力进行评价的目的与意义。
2. 掌握家长生活照护能力评价的主要内容维度。
3. 能够使用科学的评价工具对家长的生活照护能力进行有效评价。

核心内容

一、家长的生活照护能力对婴幼儿健康和发展的影响

（一）家长的生活照护能力

2018年，世界卫生组织等国际组织联合发布养育照护促进婴幼儿早期发展框架(Nurturing Care Framework，NCF)，明确照护者养育照护的核心内容包括“健康、营养、安全、回应性照护和早期学习机会”[①]。关于家长的生活照护能力，学界并没有统一的定义，可以从“家长”和“生活照护能力”两个方面进行理解。首先，“家长”一般指以亲缘关系为基础的主要带养人。这里强调了父母与孩子之间的关系，父母与孩子之间的互动也与集体托育活动中的师幼互动关系不同，亲子互动是家长进行生活照护的基本情境。另一方面，所谓生活照护能力就是关于婴幼儿日常生活照料的态度、知识和技能。对于0～3岁的婴幼儿，家长应该树立自然养育的理念，具备基本的照护科学常识以及日常照料技术。

① World Health Organization. Nurturing care for early childhood development: a framework for helping children survive and thrive to transform health and human potential: executive summary[R]. Geneva: WHO, 2018.

综上所述，本书将家长的生活照护能力定义为婴幼儿的主要带养人具备的态度、知识和技能，以向婴幼儿提供可以维持其生命健康和成长发展需要的养育活动。

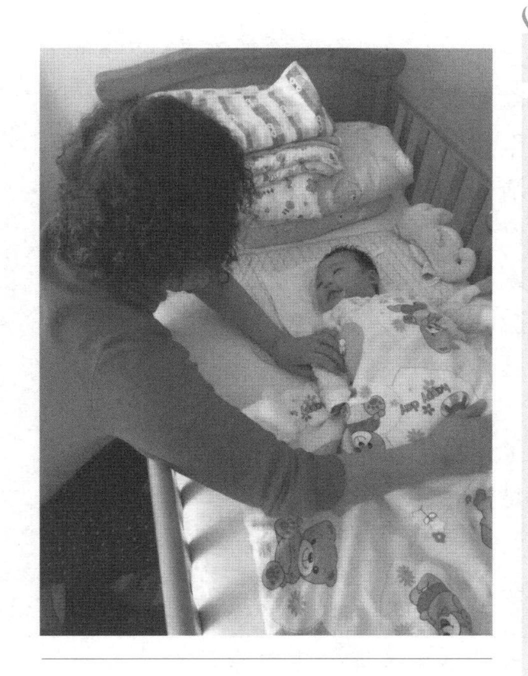

图 6－1　家长对婴儿的照护

◆ 拓展阅读 ◆

亲职教育

“亲职教育”的概念最早于20世纪中叶在欧美国家盛行，被称为“parental education”，意为对家长进行的一系列养育支持课程培训，旨在促进家长能够胜任带养孩子的责任。国内有对亲职教育概念的表述：“所谓亲职教育是通过教育的功能使得家长认清自己的角色职分，改变家长自身的角色表现，进而使得家长履行家长职责。”①通俗地说，就是通过认知学习、技能培训以及科学理念的引导，培养家长正确的生活照护行为、教养态度、学习亲子互动的方式与方法，促进和谐亲子关系的建立。这一过程很多时候会在母亲孕期的时候就开始进行，孩子出生后在生活照护过程中再加以支持。目前，中国一些妇幼医院都设有孕期课程，甚至一些婴幼儿照护咨询室等。这些都是实践中促进家长生活照护能力的有效措施。

（二）家长的生活照护能力对婴幼儿健康与发展的影响

家长的生活照护能力对婴幼儿发展有着全面、直接、深远的影响。婴幼儿成长是在生物性和社会文化环境的相互作用下实现，且遵循身心发展规律。在社会文化环境中，家庭是对婴幼儿最先产生直接影响的环境因素，与婴幼儿发展密不可分。家庭养育环境包括婴幼儿的照护者（家长）的生活照护方式以及与婴幼儿直接相关的人际关系和物理空间资源等。其中家长的生活照护方式又是家长的个人因素以及家庭关系与资源的综合体现。尤其是新冠疫情暴发时期以及常态化防控时期，父母的生活照护质量更是直接影响婴幼儿的身心健康。有研究表明，婴幼儿的肥胖、视力下降、心理行为问题增加都和父母不良的日常生活照护方式息息相关。负面的日常生活照护方式包括虐待、忽视、粗暴、生活物质和空间的缺乏、负面生活事件、不安全不稳定的生活环境和方式等等。这些来自家庭的负面生活照护行为会增加婴幼儿成年后罹患心脏病、糖尿病、抑郁等身心疾病的风险，同时也影响婴幼儿认知、情感、社会性的发展，甚至影响其健全人格的形成。

那么，目前家长的生活照护能力水平如何呢？就世界水平来看，2020年美国精神卫生协会年度报告中指出有四分之一的照护者报告有育儿困难且因此出现抑郁倾向等精神问题。在日本93.9%的家长报告有育儿压力，特别是残疾婴幼儿的家长，每日平均睡眠不足5小时。在我国，一项包含中国15个城市的流行病学调查显示，88.2%的3岁以下婴幼儿的父母都反映在婴幼儿生活照护方面有困难。在广大的农村和贫困地区，父母的生活照护水平更加难以保证。为了提高农村贫困地区婴幼儿家长的生活照护水平，国家开展了一系列包括入户指导、家长培训、送教入户等多种形式的支援活动来提高家长的生活照护水平。② 由此可见，提高家长的生活照护水平对于婴幼儿的健康发展十分重要，也是我国婴幼儿和妇幼工作的重要内容。

---

① 蔡春美，翁丽芳，洪福财．亲子关系与亲职教育［M］．台北：心理出版社股份有限公司，2020．

② 中国发展研究基金会．中国儿童发展报告．2017：反贫困与儿童早期发展［M］．北京：中国发展出版社，2017．

二、家长生活照护能力评价的目的与意义

（一）对家长生活照护能力进行评价的目的

从广义上来说，对家长生活照护能力的评价是在一定标准下，对家长的生活照护理念、照护行为、照护过程、照护效果乃至家长自身的照护胜任感、照护困难与需求等所有涉及家庭照护活动的科学、客观、系统评估过程。对家长生活照护能力进行评价的目的是帮助了解家长目前的生活照护水平和状态，客观分析家长生活照护的优势和不足，科学支持家长提高生活照护水平，减轻家长的生活照护压力，促进家长和婴幼儿身心健康及家庭和谐。

这里需要注意的是，在进行科学评价的过程中很多时候为了客观地呈现评价结果会有分数的高低，或者是定性的评价。但是得出客观的评价结果并不是实施家长生活照护评价的最终目的，也不是对家长发放的生活照护能力“判决书”，给家长贴标签。家长的生活照护能力是不断变化，可以提高的。简单地以提供评价结果为目的不仅不能够促进家长提高生活照护水平，反而会给家长造成更大的精神压力，甚至引起焦虑，乃至出现更加极端的错误生活照护行为。

◆ 拓展阅读 ◆

生态系统理论（Ecological systems theory）最早是由美国心理学家尤里·布朗芬布伦纳（Urie Bronfenbrenner，1917—2005）提出的一个关于人的发展理论。该理论认为人在复杂的关系系统中的发展受到多水平环境的影响。布朗芬布伦纳把环境想象为鸟巢状的结构，包括家庭、学校、邻居、工作单位等日常生活场所以及这些场所之外的更大空间。这些环境的每一个层面都对发展有重要影响。其中环境的最里层水平被称为小环境系统（Microsystem），就是指与婴幼儿直接接触的人以及与婴幼儿的直接互动。布朗芬布伦纳强调，在这一小环境系统中，所有的关系都是直接的、双向的。婴幼儿的直接照护者的行为会直接影响孩子的行为，而孩子的生物和社会特征也会影响成人的行为。例如，一个积极主动、乐于表达的孩子容易引发父母更多的积极回应和耐心指导；而一个沉默寡言、脾气暴躁的孩子则更容易得到父母的限制和惩罚。

（二）对家长生活照护能力进行评价的意义

托育服务与管理相关专业正在我国逐渐发展。对家长生活照护能力的评价与指导是保育师的必备能力，服务家长、提高家长的生活照护能力也是保育师的基本工作内容。

通过前面各个模块的学习，我们应该已经掌握了婴幼儿的生活照护技术。在此基础上观察家长的生活照护行为，正确评价家长的生活照护能力具有十分重要的意义。

1. 有助于全面了解家长的婴幼儿生活照护现状和需求

当今社会，传统的家庭生活照护系统已经开始逐渐发生改变。从独生子女政策到二胎、三胎的开放，二胎、三胎父母的生活照护方式必然区别于计划生育时期。随着城镇化程度不断加深，城市的生活成本与压力也使得家长生活照护面临前所未有的压力。此外，婴幼儿生活照护的理念也在不断发生变化，祖父母带养的传统生活照护方式也受到了巨大的冲击。在此时代背景下，了解家长目前的生活照护现状和需求迫在眉睫。通过对家长生活照护能力的评价有利于客观、科学地了解家庭的婴幼儿生活照护现状，在分析现状的优势和问题之后才能够得到当今社会中家长在婴幼儿生活照护方面的真正需求。

2. 有助于有针对性地开展支持家长育儿生活照护的活动

我国家庭中的生活照护支持存在两极分化的现象。城镇地区的家庭能够获得较多的育儿和生活照护支持，主要来自网络信息、早期教育机构、托育机构等。虽然获得支持的路径较多，但是对于家庭生活照护的支持仍然存在着质量参差不齐、好坏难辨的问题。一些家庭花费了大量的时间和精力，但

是获得的咨询和培训并不适用于自己的生活照护实践。而对于相对贫困的地区，家长的生活照护能力则更加有待提高，同时又缺少优质的资源支持进行婴幼儿生活照护。为了提高贫困地区家长的生活照护能力，促进贫困地区婴幼儿发展，国家政府不断开展不同形式的婴幼儿发展和家庭支援项目。这些支援项目中，必须将对家长进行的生活照护能力评价作为开展家庭支援活动的科学依据。只有基于评价结果，才能针对每个家庭的实际情况开展个性化的生活照护能力提升培训或者咨询。

3. 有助于提高家长的生活照护能力，促进婴幼儿成长

评价家长的生活照护能力不是目的，而是要基于评价结果提高家长的生活照护能力。通过对家长生活照护能力的评价，可以帮助家长反思自身关于婴幼儿生活照护的理念和态度，客观认识在日常生活照护过程中的行为，分析自身的生活照护行为与婴幼儿心理行为表现的关系，改变错误的生活照护方式，提高生活照护能力，最终促进婴幼儿健康成长。

4. 有助于减轻家长的育儿压力和焦虑，保护家长的精神健康

在婴幼儿成长的过程中，家长也在不断地接受挑战，实现自己的人生价值。婴幼儿生活照护绝不是以牺牲一方为前提，相反帮助家长排忧解难，家长才能更好地对婴幼儿实施生活照护活动。而家长轻松愉快、乐观向上的精神状态更是营造良好的家庭氛围、形成和谐亲子关系的基础与保障。很多时候，家长产生压力或者焦虑的重要原因之一是家长自己不了解自己的生活照护方式是否正确，问题在哪儿，如何提高。通过对家长的生活照护能力进行评价，并且以恰当的方式与家长沟通，帮助家长有效解决生活照护过程中的困难，有利于缓解家长的压力和焦虑，促进家长的身心健康。

三、家长生活照护能力评价的主要内容

（一）家长的生活照护胜任感和生活照护压力评价

家长生活照护胜任感(Parenting sense of competence, PSOC)是指父母在育儿过程中对自己的生活照护能力和状态的一种主观感受。父母对自己生活照护能力的胜任感对于生活照护能力和婴幼儿发展都有着十分重要的影响。研究已经揭示了拥有较高胜任感的父母，对于自己的生活照护能力更有自信，进而更容易使用积极的生活照护行为、技能和策略，从而促进婴幼儿的发展。另外，较高的生活照护胜任感还被证明能够减轻生活照护压力、生活照护焦虑等负面情绪产生的负面结果。

与照护胜任感类似，生活照护压力也是家长对于自己生活照护行为或者过程的主观感受。家长生活照护压力指在履行父母角色及亲子互动过程中产生的困难、焦虑、紧张等压力感。生活照护压力的主要来源有家长在生活照护婴幼儿过程中时间、精力、物质上的缺乏，亲子互动失调，生活照护过程中的人际关系等。生活照护压力过大会对家长的精神健康产生负面影响，进而影响家长的生活照护行为以及婴幼儿的健康发展。

对家长的生活照护胜任感和压力的评价是家长生活照护能力评价的必要内容。

（二）家长的生活照护知识和态度评价

家长的生活照护能力虽然是基于亲子互动情境，但同时也必然包含必要的生活照护知识和理念。比如婴幼儿营养基本知识和喂养态度，婴幼儿疾病与预防的基本知识和对于婴幼儿保健的态度，婴幼儿运动促进的基本要求和态度等都是家长生活照护知识和态度的重要体现。家长的生活照护知识和态度是生活照护行为和能力的前提和基础，也是对家长进行有效支持活动的重要突破口。

对家长的生活照护知识和态度的评价是家长生活照护能力评价的重要内容。

（三）家长的生活照护行为评价

家长的生活照护行为就是在亲子互动中家长向婴幼儿提供的生活照护，以维持婴幼儿的生命健

康，促进婴幼儿的成长和发展。家长生活照护行为主要包括家长的健康照护行为、营养照护行为、安全照护行为、回应性照护行为以及提供早期的学习机会。例如，家长需要根据不同月龄婴幼儿的生理、心理特点，对其生活起居，诸如睡眠、进食、活动、如厕、洗澡等给予合理安排，以保证婴幼儿生活的规律性和稳定性，培养婴幼儿良好的个人卫生习惯，细致排查生活中的安全隐患，保障婴幼儿游戏和生活空间的安全等。日常生活中的每个照护行为都有其标准和规范，可以通过科学、客观的方式进行评价。

家长的照护行为一方面受到家长的照护胜任力、照护压力以及照护知识、态度的影响，一方面对婴幼儿产生直接影响。对家长生活照护行为的评价是家长生活照护能力评价的主要内容。

四、家长生活照护能力评价的方法和工具

家长的生活照护能力可以由家长自评或者专业人员通过自然观察或者实验进行评价。实验是在有控制的环境下要求家长完成相应的生活照护行为，以此进行考核和评价。自然观察是指在自然环境下由专业人员观察家长在日常生活中对婴幼儿的照护行为并且进行记录和评价。相比实验法而言，通过观察家长在自然状态进行的日常生活照护行为所得到的信息更加的真实有效。“家庭环境观察量表”(Home observation for measurement of the environment，HOME)就是一个常用的观察评价量表，1979 年由 Caldwell 和 Bradley 共同编制完成。HOME 量表共 45 题，包含母亲情绪与语言反应、避免限制和惩罚、物质和时间环境的组织、提供适宜的游戏材料、母子关系和丰富的日常刺激与机会六个维度。HOME 量表在世界很多国家得到了广泛的应用，有较好的信度和效度。但是由于 HOME 是观察评价量表，对于测评人员的要求较高，同时测评的时间较长，不适合在实践中进行大规模的调查或者筛查。

家长自评量表是最为常见、效率最高的用于评价家长的生活照护能力的方法。量表一般通过严谨的科学程序制定而成，并且经过样本验证其信度和效度。家长只需要根据自己日常生活中对婴幼儿的照护行为，回答量表中的问题即可。国际上用于测量家长生活照护能力的量表有很多，其中一部分经过汉化，在中国验证了信度和效度。此外，中国学者也开发了适合中国国情的相关量表。

（一）家长生活照护效能感评价工具

《父母养育效能感量表》(Parenting sense of competence scale，PSOC)，也叫亲职胜任感量表①，由加拿大学者于 1978 年在自我效能理论的基础上开发完成。该量表共有 17 个问题，测量满足感和效能感两个方面。满足感主要评价父母在进行对子女生活照护的时候面临的挫败、焦虑和动力等情感因素。例如：“我虽然觉得作为父母有很大的收获，但是我也为我现在的照护责任感到困扰，并且我认为我作为父母不及我自己的父母做得好。”效能则反映了家长在进行子女生活照料过程中履行照护职责的能量和解决问题的能力。例如：“我认为我可以成为一些新手父母的榜样，展示如何做好‘父母’的角色，因为我感觉我已经完全熟悉和适应了这个角色。”每个问题下设六级评分，从“非常不同意”到“非常同意”，计为 1～6 分。满足感维度得分越高说明父母对自己照护的满意度越低。效能感维度得分越高说明父母对自己照护的信心越高。

（二）家长生活照护压力评价工具

《父母育儿压力》(Parenting stress，PSI)在亲子关系理论基础上研制而成，主要目的是筛查和诊

① Ohan J. L.，Leung D. W.，Johnston C. The Parenting Sense of Competence scale：Evidence of a stable factor structure and validity [J]. Canadian Journal of Behavioural Science/Revue canadienne des sciences du comportement，2000，32 (4)：251.

断父母亲养育孩子压力的大小和程度，旨在尽早识别孩子在生长发育过程中出现的各种问题。PSI 量表进行了多次修订，第 4 版中保留了 120 个条目，3 个维度。3 个维度分别是婴幼儿特质(47 个条目)、父母特质(54 个条目)以及不因养育孩子所引起的生活压力(19 个条目)。婴幼儿特质指的是婴幼儿因为某些特质造成照护困难，使得父母担心、困扰而产生压力，如适应性差、多动倾向等。父母特质指父母在照护过程中因为本身的人格特点和情境因素等产生压力，如忧郁、社交障碍等。1995 年，在 PSI 量表的基础上，通过抽取和简化得到了由 36 个条目，育儿愁苦、亲子互动失调、困难儿童 3 个维度组成的 PSI-SF(Parenting stress index-short form)。该量表每个条目采用五级计分，分别为“非常不同意”“不同意”“不确定”“同意”“非常同意”，总分为 36～180 分，分数越高，压力越大。该量表由于问题较少，且有较好的信度和效度，更方便在实践中应用。①

（三）家长喂养知识和信念评价工具

《儿童喂养问卷》(Child Feeding Questionnaire，CFQ)是目前应用最为广泛的父母喂养行为的自评问卷，适用于 2～11 岁儿童的家长，涉及父母在儿童喂养方面的知识和信念。CFQ 量表包含 31 个条目，7 个维度。7 个维度分别为：与喂养有关的父母责任(3 个条目)，父母对自身体重的感知(4 个条目)，父母对婴幼儿体重的感知(6 个条目)，父母对孩子体重的担心(3 个条目)，限制饮食(8 个条目)，逼迫进食(4 个条目)和监督饮食(3 个条目)。该量表采用 1～5 分计分，各维度分数越高，说明父母在该维度的控制欲越强。②

（四）家长喂养行为和方式评价工具

《照护者喂养方式问卷》(Caregivers’ feeding style questionnaire，CFSQ)最初在 2005 年制定并专门用于评估欧美国家低收入少数民族儿童照护者喂养方式。后来被第二军医大学护理学院朱大乔等人进行汉化和初步检验，用于调查学前儿童父母的喂养方式。CFSQ 问卷共 19 个条目，要求和回应 2 个维度。在临床诊断中，根据分数高低将家长的喂养方式分为“以家长为中心的喂养策略/高度控制”“以家长为中心的喂养策略/偶尔控制”“以儿童为中心的喂养策略”。③

表 6－1 照护者喂养方式问卷(中文修订版)④

指导语：以下问题是关于您与孩子在正餐时间的互动情况。请选择一个最符合您实际情况的答案，并在相应的方框内打√。注意，每个问题只能选择一个答案。

	从不	很少	有时候	经常	总是
1. 为了让孩子吃饭，对孩子进行身体上的约束					
2. 许诺给孩子食物以外的事物来让孩子吃饭					
3. 把食物做成有趣的样子来鼓励孩子进食					
4. 吃饭期间，询问孩子有关食物的问题					
5. 要求孩子多少都得吃一点她/他碗里的食物					

① Loyd B. H., Abidin R. R. Revision of the parenting stress index [J]. Journal of Pediatric Psychology, 1985, 10(2): 169－177.

② Birch L. L., Fisher J. O., Grimm-Thomas K, et al. Confirmatory factor analysis of the Child Feeding Questionnaire: a measure of parental attitudes, beliefs and practices about child feeding and obesity proneness [J]. Appetite, 2001, 36(3): 201－210.

③ Tam W., Keung V., Lee A., et al. Chinese translation and validation of a parental feeding style questionnaire for parents of Hong Kong preschoolers [J]. BMC Public Health, 2014, 14(1): 1－7.

④ 中文版问卷版权：第二军医大学护理学院朱大乔。

（续表）

	从不	很少	有时候	经常	总是
6. 跟孩子讲道理来让他/她吃饭					
7. 对孩子不吃饭的行为，会用言语来表达不满					
8. 允许孩子从已经准备好的饭菜里挑选他/她自己想吃的东西吃					
9. 对孩子吃饭时的表现进行表扬					
10. 暗示孩子去吃饭					
11. 对孩子说："快去吃饭。"					
12. 警告孩子，如果他/她不吃饭，您会拿走或取消					
13. 要求孩子吃碗里的某样食物					
14. 警告孩子如果他/她不吃(饭)，您就会拿走一样食物					
15. 在进餐的时候，对孩子正在吃的食物说一些好听的话					
16. 为了让孩子吃饭，用调羹喂他们					
17. 为孩子吃饭提供便利条件					
18. 把食物作为奖励来鼓励孩子吃东西					
19. 央求孩子吃饭					

（五）家长回应性照护评价工具

亲子互动

回应性照护是指照护者根据对婴幼儿的观察，准确地对婴幼儿发出的信号做出及时且适宜的反应，满足婴幼儿对周围事物和人的兴趣以及睡眠、饥饿等需求，使婴幼儿体验到一种支持性的结果，从而继续发出信号，最终在和谐的互动关系中健康成长。《婴幼儿回应性照护评价量表》是基于依恋理论，参考观察性的亲子互动评估量表(Caregiver-child interaction rating scale，IRS)研制的，利用上海市样本进行信度和效度检验，结果显示良好。量表共有16个条目，"促进认知与情感发展""回应性"和"尊重自主性"3个维度。该量表采用5级评分，由"非常不符合"到"非常符合"分别计1～5分，得分越高表示家长的回应性照护能力越高。①

表6-2　婴幼儿回应性照护评价量表②

维　　度	条　　目	非常不符合	比较不符合	一般	比较符合	非常符合
促进认知与情感发展	谈论表情或情绪 开展语言类游戏 开展运动类游戏 进行绘本阅读 一起玩孩子的玩具 带儿童与其他儿童一起玩 互动中的积极情绪 互动中的正面引导					
回应性	合理安排儿童生活作息 懂得孩子语言和非语言信号 对需求的及时、适当的应对 语言回应孩子的话					

① 黄楹，张海峰，童连．婴幼儿回应性照护评价量表的初步编制与评价[J]．中国儿童保健杂志，2022，30(04)：386－391．

② 本量表的版权属于复旦大学公共卫生学院妇幼与儿少卫生教研室童连。

（续表）

维　度	条　目	非常不符合	比较不符合	一般	比较符合	非常符合
尊重自主性	让孩子自己动手 注意环境的安全性 让孩子自由探索 让孩子尝试“解决问题”					

五、家长生活照护能力评价的应用举例

换　尿　布①

妈妈俯身看着尿布台上的小宝宝。他们面对面，妈妈与宝宝交流着换尿布的过程。“宝宝，你是不是觉得湿湿的，不舒服呀。”“那是因为你尿湿了哟。”“你还小，尿湿了没关系的。”“妈妈和你一起换尿布吧。”妈妈一边温柔地与宝宝交流换尿布的事情，一边仔细地慢慢准备换尿布的用品。妈妈仔细检查了尿布台是干净的，然后慢慢地拿掉了宝宝已经尿湿了的尿布，扔到了有盖子的垃圾桶里。“宝宝，现在是不是舒服多了呀。”妈妈一直与宝宝说话，这吸引了宝宝全部的注意力。宝宝正面看着妈妈，双脚蹬在妈妈的肚子上。妈妈感觉到宝宝好像有些紧张，就说：“宝宝，妈妈接下来要擦一擦你的小屁股了哟。”妈妈说完，朝着宝宝笑了笑。拿起了干净湿润的毛巾清洁婴儿的臀部。“舒服吗，宝宝。”“接下来，妈妈要给你换上干净的尿不湿了哦。你感受一下，这是干净的尿布。”妈妈拿着干净的尿布，放在宝宝的手边。宝宝的手碰了碰干净的尿布，发出了咿咿呀呀的声音。妈妈感受到宝宝已经全身放松，才开始为宝宝换尿布。妈妈的动作很温柔，也很及时地回应宝宝。每当妈妈告诉宝宝下一步要做什么的时候，她都会耐心等待宝宝做出面部或者肢体反应后才继续。妈妈与宝宝谈论每一步要做的事情，总是让宝宝的注意力始终集中在换尿布以及他们的互动上。妈妈为宝宝穿上尿布，仔细检查腰部和腿根部不会过紧。“好了，宝宝，舒服吗？”“尿布已经换好啦。现在妈妈帮你穿上衣服了。”妈妈温柔地帮助宝宝穿戴好。换好尿布以后，妈妈用流动的水为婴儿洗手，以防宝宝会触碰自己的臀部和尿布台沾染上细菌。接着妈妈也自己将手洗干净，将宝宝抱回到婴儿床。安顿好宝宝以后，妈妈回去打扫换尿布的区域，丢弃尿布台上的废纸，然后喷洒消毒液，再用纸巾将消毒液均匀地擦拭开，丢弃用过的纸巾。等消毒液风干后，在尿布台上铺上干净的纸以备下次使用。然后妈妈再次彻底清洗双手。

妈妈在换尿布的过程中表现出了优秀的生活照护能力。首先案例中的妈妈掌握了科学的换尿布的流程，在给宝宝换尿布的整个过程中流畅、自然。其次，妈妈在整个换尿布的过程中做到了回应性的照护，时刻关注宝宝的情绪、表情和肢体语言，并且及时做出回应。最后，妈妈在换尿布的过程中一直与宝宝交流，给予了宝宝丰富的语言刺激；同时每当妈妈准备开始下一个照护步骤的时候，都会提前向宝宝说明，有利于缓解宝宝的紧张情绪，也促进了和谐亲子关系的形成。

① [美]珍妮特·冈萨雷斯-米纳，戴安娜·温德尔·埃尔．婴幼儿及其照料者：尊重及回应式的保育和教育课程（第8版）[M]．张和颐，张萌，译．北京：商务印书馆，2015．

任务2 保育师生活照护能力评价

案例导入

小明在9个月大的时候就进入了托育园开始接受集体保育。小明刚刚进入托育园的时候运动方面发展有些缓慢,甚至还不会翻身,虽然有时候能够坐着,但是还很不稳定,不能自己独坐。家长很担心,小明在托育园班级里的负责老师也十分关注这件事情。

首先负责老师先通过日常观察,列举出了小明的一些特殊表现:一是眼神对视少,二是排斥别人抱,三是不爱动。针对小明的这些表现,负责老师首先改造照护环境。老师在角落里垫了垫子,再把小明放在垫子上面,老师在和小明差不多高度的地方跟小明说话,玩藏玩具拿出来的游戏,唱儿歌或者是扶着小明练习爬。通过这种一对一的保育,小明逐渐和老师熟悉起来,也愿意和老师进行互动了。有时候小明会主动地看向老师,或者爬向老师,或者发出咿咿呀呀的声音,老师就会立刻给予积极的回应,与小明的互动越来越多了。

就这样,老师不断地改变垫子的高度,引起小明探索的兴趣。根据小明的能力,帮助小明练习爬上爬下。渐渐地小明也越来越喜欢爬动了。就这样,三个月后,小明迈出了人生的第一步,也开始喊"爸爸""妈妈"。1岁3个月的小明喜欢听着音乐跳舞,牵着老师的手散步,在阳台上追球跑,甚至是扶着尝试上楼梯了。

小明在进入托育园半年内的变化巨大。这些变化都离不开负责老师科学、温暖的回应性生活照护。案例中,负责老师能够首先客观评价小明的能力现状,接着顺应小明自身的发展节奏,提供适宜的环境支持,注意对小明的及时积极回应。教师高水平的生活照护能力是小明得以健康发展的重要原因。①

任务要求

1. 明确对保育师的生活照护能力进行评价的目的与意义。
2. 掌握保育师生活照护能力评价的主要内容维度。
3. 能够使用科学的评价方法和工具对托育从业人员的生活照护能力进行有效评价。

核心内容

一、保育师的生活照护能力

(一)保育师

托育服务指向0~3岁婴幼儿及其家庭提供的在托育机构或者其他符合要求的场所中进行的集体

① [日]今井和子.0~3岁儿童保育指导方案[M]. 朱珠,译.上海:复旦大学出版社,2017.

保教活动，是一种替代家庭内部和个人完全承担照护责任的社会机制或者说制度。托育机构是为0～3岁婴幼儿提供托育服务的机构，包括全日托、半日托、计时托、临时托等。保育师是向家庭提供对0～3岁婴幼儿进行生活照料、护理和教育服务以及对家长(父母或者祖父母)进行科学指导的专职工作者。保育师大多就职于托育机构，如托育机构负责人、育婴员、保育员、保健员等。保育师的主要工作内容是用科学的态度和方法对0～3岁婴幼儿进行生活照料、保健护理，提供学习机会，以及从事指导与培训、业务管理等工作。保育师的基本条件是，具有完全民事行为能力和良好的职业道德，品行良好，身心健康，热爱婴幼儿，热爱托育工作，无虐待儿童记录，无犯罪记录，并符合国家和地方相关规定要求的资格条件。有下列情况的人员，不得在托育机构工作：有刑事犯罪记录的，有吸毒记录和精神病史的，未取得健康证明的，以及其他不适宜从事托育服务的。

《意见》中明确"家庭为主，托育补充"的原则，同时也明确将"加强队伍建设"作为照护服务发展的四大保障措施之一。为了支持国家生育政策改革，我国大力发展托育行业，提高保育师能力，帮助家庭解决带养问题，优化我国人口结构，促进社会良性运转。

(二) 保育师能力

保育师的能力是指在包括对家庭进行支持的托育实践中，提供高质量的托育环境，保障儿童生命健康和发展的权利，并且能够被测量的态度、知识和行为。保育师的能力既包括以满足职业标准与规范为基本要求的职业能力，也包括基本的人文素养和道德规范。保育师需要在知识、技能、态度上具备必要的能力，才能够帮助保育师提供优质的托育服务。例如托育服务从业者必须要有科学的婴幼儿照护知识，有爱心、耐心和责任心；要有较强的语言表达能力和沟通能力；动作协调且灵活；有接受挑战，不断学习的能力；等等。保育师能够为婴幼儿提供适宜的生活照护以促进婴幼儿健康发展的能力就是生活照护能力。

◆ 拓展阅读 ◆

《托育机构设置标准(试行)》中关于托育服务各类从业人员资质要求①

托育机构负责人负责全面工作，应当具有大专以上学历，有从事儿童保育教育、卫生健康等相关管理工作3年以上的经历，且经托育机构负责人岗位培训合格。

保育师主要负责婴幼儿日常生活照料，安排游戏活动，促进婴幼儿身心健康，养成良好行为习惯。保育师应当具有婴幼儿照护经验或相关专业背景，受过婴幼儿保育相关培训和心理健康知识培训。

保健人员应当经过妇幼保健机构组织的卫生保健专业知识培训合格。

保安人员应当取得公安机关颁发的《保安员证》，并由获得公安机关《保安服务许可证》的保安公司派驻。

二、对保育师生活照护能力评价的目的与意义

(一) 保育师评价的主体与根本目的

对保育师能力进行评价的主体是多元的。首先在托育机构内部，保育师的能力是托育机构托育质量的重要构成因素，保育师能力的评价结果需要向家长、主管部门等进行反馈。再者，地方管理部门也要对保育师的能力进行评价，以此对托育质量进行监督和管理。虽然不同主体进行评价的具体目的不尽相同，但是对保育师能力评价的根本目的与对家长的照护能力进行评价的目的一致，在于通过评价提高保育师对婴幼儿的生活照护质量，帮助保育师减轻工作压力，解决困难，迎接挑战，最终促进婴幼儿的健康成长。

---

① 国卫人口发〔2019〕58号.托育机构设置标准(试行)[S].2019.

（二）保育师评价的意义与社会需求

对保育师能力进行评价对个体、集体和社会具有重大意义。保育师的生活照护能力首先直接影响与婴幼儿的互动，关系到婴幼儿能否顺利由家庭带养过渡到集体保育，适应集体托育形式，得到适宜的发展。有研究结果证明，托育时间的长短以及婴幼儿的入托时间并不是影响婴幼儿发展的决定因素，而托育质量以及托育期间婴幼儿所获得的托育从业人员的照护是否科学、有效、适宜才是影响婴幼儿健康和发展的关键。另外，托育从业人员的生活照护能力也会影响家长的照护节奏。如果在托育机构中婴幼儿养成了不良生活习惯，或者是被忽视，没有得到应有的生活照护，这种不良的生活节奏和内容就会延伸到家庭中，造成家长在生活照护上的困难。再者，保育师自身也承担着巨大的工作压力，对婴幼儿的生活照护能力决定着保育师的工作效率与结果。提高保育师的生活照护能力有利于其本身的身心健康与职业发展。

当今社会，托育服务已经成为家庭照护的有利补充，在婴幼儿成长中发挥着不可替代的作用。而在托育服务质量体系评价中保育师的能力评价是重要组成部分。国家提出要建设一支品德高尚、富有爱心、敬业奉献、素质优良的婴幼儿照护服务队伍。但目前我国仍面临着保育师数量不足，质量参差不齐的现状。2019 年婴幼儿照护服务供需现状调研报告显示未来五年保育师的需求超过 200 万。同时在保育师培养方面，不管是中职、高职等校内培训还是托育机构等职后培训目前都处于探索时期，没有形成全面、科学、系统的培训体系。

在这样的现状下，为了提高目前保育师的队伍素质，支持托育服务人员能力培养，对目前保育师的能力进行评价是当务之急，迫在眉睫。通过对保育师的生活照护能力进行评价，能够在一定程度上反映托育服务质量。通过有针对性地对保育师进行能力提升培训，有助于提高托育服务质量，更好地服务婴幼儿和家庭。因此对保育师的能力进行评价不仅对婴幼儿、对家庭是强有力的支持，同时对发展中国特色的托育服务事业、实现“幼有所育”也有重大意义。

◆ 拓展阅读 ◆

“十四五”时期我国托育服务人才队伍建设现状与需求①

2020 年，托育机构数量的稳步增加，托育服务人才供给缺口不断增大。根据《托育机构设置标准（试行）》的规定，乳儿班师幼比不应低于 1∶3，托小班不应低于 1∶5，托大班不应低于 1∶7。然而 2019 年对全国 13 个城市开展的托育服务供需调研结果显示，乳儿班没有达到标准的高达 77.8%，托小班未达到标准的占比 35.4%，托大班未达到标准的比例为 37.5%。大班额现象和低师幼比的普遍存在表明目前托育机构师资供给规模不足，师资短缺问题突出。另一方面，托育服务人才资格制度尚未健全，缺乏对口专业资质认定，保育师能力评定工作无法保障。目前我国尚未建立专门针对托育服务人才的资格准入制度和资格证书。部分资格证书存在报考门槛低、培训时间短、考核以理论知识为主、资格证书含金量不高。托育服务人才培训制度也尚未建立，培训质量难以保证。

托育服务人才队伍建设是托育服务快速、高质量发展的关键。“十四五”时期是我国大力发展婴幼儿照护和服务后第一个五年规划，对我国托育服务的健康发展有深远影响。在“十四五”期间急需加快完善托育服务人才队伍供给体系、标准规范体系和政策法规体系，以扩大人才供给为前提，以提高人才综合素质、优化人才培养质量为核心，以关心关爱托育人才的管理制度和政策环境为保障，尽快有针对性地加快推动托育服务人才队伍建设工作，集聚人才，留住人才，用好人才。

---

① 洪秀敏，朱文婷，张明珠，刘倩倩. “十四五”时期我国托育服务人才队伍建设的战略思考[J]. 学前教育，2020(12)：4－8.

三、保育师生活照护能力评价的主要内容

2021年国家卫生健康委员会办公厅印发的《托育机构保育人员培训大纲(试行)》和《托育机构负责人培训大纲(试行)》是目前我国保育师能力评价和培训的主要依据。《托育机构保育人员培训大纲(试行)》中明确列出了保育师在生活照护方面必须具备的知识与技能。

在理论方面,要求从业人员的能力包括:①具备卫生保健知识,包括卫生与消毒,物品管理,生长发育监测,体格锻炼,心理行为保健,婴幼儿常见病预防与管理,传染病预防与控制,健康信息收集;②具备安全防护知识,包括食品安全知识,环境与设施设备防护安全,婴幼儿常见伤害预防与急救,意外事故报告原则与流程等;③具备生活照料知识,包括按照各月龄营养与喂养要点,实施进餐照护,饮水照护,睡眠照护,生活卫生习惯培养,出行照护等;④具备早期发展支持相关知识,包括婴幼儿生理、心理发展知识,婴幼儿个体差异与支持,特殊需要婴幼儿识别与指导,活动设计与组织等。

在实践方面,从业人员的能力包括:①具备卫生消毒技能,包括活动室、卧室等室内外环境卫生清扫、检查和预防性消毒,抹布、拖布等洁具的清洗与存放,床上用品、玩具、图书、餐桌、水杯、餐巾等日常物品的清洁与预防性消毒;②具备健康管理技能,包括晨午检及全日健康观察,运动和体格锻炼,健康行为养成,计划免疫宣传与组织等;③具备疾病防控技能,包括发热、呕吐、腹泻、惊厥、上呼吸道感染等常见疾病的识别、预防与护理,手足口、疱疹性咽炎、水痘、流感等婴幼儿常见传染病的识别、报告与隔离,贫血、营养不良、肥胖等营养性疾病,先心病、哮喘、癫痫等疾病婴幼儿的登记和保育护理;④具备安全防护技能,包括窒息、跌倒伤、烧烫伤、溺水、中毒、异物伤害、动物致伤、道路交通伤害等常见伤害急救技能,地震等重大自然灾害的逃生流程与演练,火灾、踩踏、暴力袭击等突发事件的预防与应急处理;⑤具备饮食照护技能,包括膳食搭配,辅食添加,喂养方法,进餐环境创设,进餐看护与问题识别,独立进餐、专注进食、不挑食等饮食习惯培养,辅助婴幼儿水杯饮水等;⑥具备睡眠照护技能,包括睡眠环境创设,困倦信号识别,睡眠全过程观察、记录与照护、规律就寝、独立入睡等;⑦具备睡眠习惯培养技能,睡眠问题的识别与应对,婴幼儿睡眠的个别化照护等;⑧具备清洁照护技能,包括刷牙、洗手、洗脸、漱口和擦鼻涕等盥洗的方法,便器的使用方法,尿布/纸尿裤/污染衣物的更换,便后清洁的方法,如厕习惯培养,婴幼儿大、小便异常的处理等;⑨具备活动组织与支持技能,包括一日生活和活动的安排,生活和活动环境的创设与利用,活动材料的配备,动作、语言、认知、情感与社会性等活动的组织与实施,游戏活动的支持与引导,婴幼儿行为观察与分析,婴幼儿需求的识别与回应等。

《托育机构负责人培训大纲(试行)》中也明确列出了托育机构负责人在生活照护方面必须具备的知识与技能。在理论方面,托育机构负责人的能力包括:①具备保育管理的基本知识,包括婴幼儿生理、心理发展知识,一日生活和活动安排与组织,生活与卫生习惯培养,动作、语言、认知、情感与社会性等方面保育要点,户外活动要求与组织,游戏安排与组织,环境创设与利用;②具备卫生保健知识,包括室内外环境卫生与消毒,婴幼儿常见疾病预防,科学喂养与膳食添加,睡眠环境与照护,全日健康检查,体格锻炼,心理行为保健等;③具备安全防护知识,包括安全消防知识,食品安全知识,玩教具安全,安全防护措施和坚持以及突发事件应急预案处理等。在实践方面,托育机构负责人的能力包括:制定和执行严格的日常管理制度,组织开展保育活动,进行应急管理训练等。

四、保育师生活照护能力评价的方法和工具

保育师生活照护能力的评价方式有很多,目前主要有由第三方实施评价的资格考试或竞赛,机构内部负责人组织实施的同行互评或绩效考核,以及保育师通过问卷等形式开展的自评。

（一）第三方实施评价的资格考试或竞赛

1．育婴师职业师资证书①

育婴师是为0～3岁的婴幼儿和母亲提供服务和指导的专门化护理与教育的职业。我国2005年6月正式开始启动育婴师国家职业资格试点培训项目。2010年对《育婴员国家职业标准》进行了修订，对育婴师职业等级、职业要求、工作范围、工作要求等做了详细规定，提出了职业培训要求与方法，经过培训符合考试资格并通过考试后，由中华人民共和国人力资源和社会保障部颁发育婴师国家职业资格证书。育婴师划分为3个等级，即育婴师（国家职业资格五级）、育婴师（国家职业资格四级）、高级育婴师（国家职业资格三级）。育婴师职业资格考试分为"理论基础知识"和"实践技能操作"两个部分，主要通过选择题、判断题、材料题、问答题等书面考试形式，考察保育师的知识水平。育婴师职业师资证书属于准入类考核，不能够评价能力高低。同时由于只是通过笔试的方式进行，对保育师能力的评价也不够全面、客观。

2．"1+X"证书制度中托育服务相关证书

2019年国务院印发了《国家职业教育改革实施方案》，提出职业院校、应用型本科高校启动"学历证书+若干职业技能等级证书"制度的试点工作。目前与托育专业相关的"X"证书有"母婴护理"和"幼儿照护"职业技能等级证书。

2019年8月，母婴护理职业技能等级证书正式纳入教育部第二批职业技能等级证书范围，主要考核的知识和技能包括孕产妇的护理，新生儿的护理、健康管理和疾病预防等。2020年，幼儿照护技能等级证书正式纳入教育部第三批职业技能等级证书范围，主要考核的知识和技能包括婴幼儿营养与喂养、婴幼儿睡眠、照护卫生和安全环境创设、回应性照护等。值得注意的是，由于"1+X"证书制度尚处于探索和发展阶段，相关证书的认可度以及培训效果还有待进一步验证。

3．保教技能大赛

职业技能竞赛在技术技能型人才培养中发挥着示范引领的作用，同时也弥补了一些准入型考核缺少技能测试的环节。例如，2019年举办了由全国学前教育产教合作联盟主办的"全国职业院校早期教育专业保教技能竞赛"。大赛设置早教教师职业素养综合测试、0～3岁婴幼儿保育技能考核与测评、早教教师综合技能考核项目。三个赛项较全面地涵盖了0～3岁婴幼儿保育与教育的知识与技能内容，反映了保育师的综合职业素养。技能竞赛不能广泛应用于保育师的日常照护能力评价，仅作为能力培养的沟通与交流。通过以上分析可知，第三方实施评价的资格考试或竞赛是对保育师能力评价的一种重要形式，具有一定的普适性、权威性特点，但是也无法避免评价结果不具有针对性，较难应用于实践中提高保育师能力。

（二）托育机构内部组织实施的同行互评或绩效考核

图6-2　托育机构内的同行评价

托育机构内部组织实施的同行互评或者绩效考核一般是由托育机构负责人组织制定并实施的，在符合国家规定和标准的前提下，具有本地区本园所特色的对保育师的评价体系。托育机构内部组织的能力评价一般依据符合园所实际的能力评价量表，制定等级或者计分规则，以及具体的实施步骤。一般具有方便实施的优势，但是评价的科学性以及评价结果的普适性则需要进一步证明。

当然，也有一些评价工具在实践中得到广泛应用，同时也在研究中证明了信度和效度，可以在托育机构中通过客

① 中华人民共和国劳动和社会保障部．育婴员国家职业标准GB/T20647.8—2006[S]．北京：2005．

观观察对保育师进行评价。其中在国际上广泛应用，得到普遍性认可的有“婴幼儿学习环境评量表（修订版）”（Infant/Toddler environment rating scale-revised edition，ITERS-R）“照护者互动量表”（Amett Caregiver interaction scale，CIS）“护理环境观察记录表”（Observational record of caregiving envrironment，ORCE）“班级评价计分系统”（Class Assessment Scoring System，CLASS）等。这些量表都是基于在托育机构中的客观观察对托育环境进行科学评价，而保育师能力则作为量表的重要组成部分，可以单独进行评价。例如，ITERS-R 中“个人日常照料”维度就是对保育师的生活照料行为进行量化评价。该维度设有“入园/离园”“正餐/点心”“午睡”“换尿片/如厕”“卫生措施”“安全措施”6 个项目。每个项目设有 7 个等级，分别代表从“不足”“最低标准”“良好”到“优良”4 个等级，同时每个等级均有具体的描述指标，供评估者进行观察和判断。（表 6－3）

表 6－3　项目（8）：午睡①

不　足		最低标准		良　好		优　良
1	2	3	4	5	6	7
1.1　午睡的安排不合适		3.1　每个儿童的午睡都安排恰当		5.1　午睡安排个人化		7.1　帮助儿童放松
1.2　很少或没有看管		3.2　午睡/休息地设施有益健康		5.2　让学步儿容易适应集体时间表		7.2　为不睡觉的儿童提供活动
1.3　把儿童不恰当地留在婴儿床或小床、垫子等上面		3.3　儿童在午睡时有充分的监察		5.3　教师的看管是令人愉快、有反应和亲切的		
		3.4　婴儿床（或小床、垫子）用来睡觉，不用来进行延伸游戏				

（三）保育师能力自评调查

保育师能力自评调查是指保育师利用自评问卷，对自己在托育服务过程中的生活照护知识、日常照护的行为以及对待照护工作和婴幼儿的态度进行反思，客观回答问题，按照量表的计分规则计算得分或者等级，最终获得自己在生活照护能力上的评价。例如，照料者评价量表（Quality of early childhood care settings：Caregiver rating scale，Quest）侧重对照料者的工作热情、反应能力的评价，以及照料者对婴幼儿早期心理发展和早期动作发展 4 个方面的支持程度。这种评价方法虽耗费低、易实施，但存在着评价主观的问题。

五、保育师生活照护能力评价的应用举例

饮水学问多②

孩子们洗完手，正在排队接水。轮到圆圆时，只见他手里拿着杯子，站在饮水机旁不动，老师提醒他说：“圆圆，接水喽！”圆圆看着我，小声说：“我不会接水。”旁边的月月按捺不住了，抢在圆圆前面，把杯子放在水龙头下，往下按水龙头，水就流出来了。月月接好水，两只手拿着水杯，回到了自己的座位上。旁边的几个孩子有的叽叽喳喳地说起来：“一只手拿杯子，一只手按水龙头。”“先接凉水，再接热

① 版权属于香港太平洋区幼儿教育研究学会。

② 宋彩虹．幼儿生活活动保育［M］．上海：华东师范大学出版社，2020．

水。”“你接啊，圆圆，很简单。”圆圆听到了同伴的话，迟疑地看着老师，老师趁机鼓励地说：“圆圆长大了，自己的事情自己做。你看老师怎么做的。”于是，老师拿起一个杯子，给圆圆做起了示范。首先从水杯橱里取出自己的水杯。握好水杯把手，将水杯置于水龙头下方，对准水龙头。轻轻打开水龙头。眼睛看着水杯，接半杯或2/3杯水。及时关闭水龙头。“看，接水很简单的哦，自己来试一试。”在老师的鼓励下，圆圆终于自己接了一杯水，举起杯子，十分高兴。老师提醒说：“杯子要拿稳了哦。右手持杯柄，左手扶杯身，避免水洒出和水杯滑落。”圆圆“嗯”了一声，按照老师说的，高高兴兴拿着杯子回到了座位上。

孩子们都顺利接好了水，坐回到了座位上。老师提醒孩子们喝水的时候要坐在指定的座位上，先看一看水有没有热气，或者用嘴巴轻轻试一试水温。然后再慢慢地喝下去。千万不能喝水时说笑，防止呛咳。

这个案例是在托育机构中必不可少的饮水保育环节，对老师在饮水保育中的行为进行评价。评价前要明确重视幼儿饮水保育的目的与意义。幼儿生长发育迅速，新陈代谢旺盛，对水的需求量大，且幼儿年龄越小，对水的需求量则越大。然而，小年龄幼儿的主动喝水意识却较为薄弱，因此需要成人提醒、指导他们每日饮用足量的水，帮助他们养成良好的饮水习惯。此外，幼儿对水的需求量还与外界温度及机体的活动量等因素有关，保育师需要根据这些因素灵活调节幼儿的饮水量。案例中的老师十分重视饮水保育，具备指导幼儿独立饮水的知识，能够清晰示范独立接水的步骤；同时老师在互动过程中时刻以幼儿为中心，没有包办代替，而是及时鼓励，为幼儿提供适宜的支持。案例中的老师具备饮水保育的能力。

模块小结

本模块主要介绍了生活能力评价的目的与意义，以及家长和保育师的婴幼儿生活照护能力的评价内容及方法。通过学习，能够对家长和托育从业人员的生活照护能力进行客观、科学、全面的评价，并通过评价提高必备技能，保证婴幼儿生活照护质量。

思考与练习

一、选择题

1. 睡眠保育的主要任务是(　　)。
   A. 指导幼儿自己穿脱衣服　　B. 帮助幼儿学习叠被子
   C. 保证幼儿睡好睡足　　D. 把鞋子放在固定处
2. 保育师要合理安排幼儿午睡的床位，生病和体质弱的幼儿应睡在(　　)。
   A. 窗口　　B. 通风处　　C. 避风处　　D. 卧室门边
3. 幼儿饮水的卫生要求是(　　)。
   A. 洗手后用自己的杯子　　B. 小口尝试，避免烫嘴
   C. 不要说笑，防止呛咳　　D. 以上都是
4. 营养行为包括(　　)。
   A. 择食行为、加工食物行为、进食行为　　B. 择食行为、加工食物行为、喂食行为
   C. 精加工食物行为、喂养行为、进食行为　　D. 择食行为、喂养行为、进食行为

5. 让婴儿有规律地按比例摄取营养素，提供婴儿活动机体发育的热能是指（　　）。
   A. 合理营养　　B. 合理供给维生素
   C. 合理的喂养　　D. 合理教养

二、判断题

1. 婴儿居室的温度为 18～22℃。（　　）
2. 食具的消毒可以采用阳光曝晒的方法。（　　）
3. 在给婴儿进行疫苗接种时，要仔细、全面观察婴儿的肤色。（　　）
4. 湿疹是婴儿的一种常见病，多在 6 个月左右发生。（　　）
5. 婴儿失去知觉时将婴儿的头部略向后倾 35℃左右，用嘴盖在婴儿的嘴上面，向里面轻轻吹气，频率为每分钟 10 次。（　　）

三、简答题

1. 常见清洁、消毒方法有哪 4 种？分别适用于何种物品？
2. 婴幼儿睡眠充足的标准主要有哪些？
3. 简述婴儿重度脱水的症状。
4. 如何观察婴儿生病的迹象？
5. 如何控制影响婴幼儿睡眠的因素？

四、设计、论述题/实务训练

1. 制作蛋花粥。
   操作要求：根据规范的蛋花粥制作方法和程序制作。
2. 如何清洁和消毒奶瓶和餐具？
   要求：(1) 正确做出操作顺序；(2) 注意清洁和消毒的操作规范；(3) 正确放置清洁后的奶瓶。
3. 论述亲子互动中如何实现回应性照护。

聚焦考证

1. 育婴师在实施个别化教学中需（　　）。【中级育婴师】
   A. 设计与指导并重　　B. 教师任意地设定教学计划
   C. 以最低的标准设定教学计划　　D. 教学计划越简单越好
2. 因为（　　），所以育婴师要扩大正面强势的影响，消灭负面强势的影响。【中级育婴师】
   A. 婴儿的重要学习方式是模仿学习　　B. 婴儿的重要学习方式是体育活动
   C. 婴儿的重要学习方式是看书活动　　D. 婴儿的重要学习方式是一对一的教学
3. 生长监测的主要目标是育婴师正确记录婴儿（　　）。【中级育婴师】
   A. 生长发育曲线　　B. 智能发育曲线　　C. 营养曲线　　D. 心理变化
4. 让婴儿学会控制情绪的方法是（　　）。【高级育婴师】
   A. 成人赞扬和反对的态度不断地诱导着婴儿形成正确的道德观和价值观
   B. 婴儿犯错后长时间地批评他
   C. 婴儿的情绪不稳定时可以不理睬婴儿
   D. 成人对婴儿的态度冷淡

5. 下列哪一项不属于正确解释和使用测评结果的要求？(　　)【高级育婴师】

A. 熟练掌握婴儿不同领域、不同年龄发育水平测评标准

B. 熟练掌握婴儿发育状态的测评、分析方法

C. 熟练掌握护理婴儿的方法

D. 熟练掌握安排多种活动形式的方法

6. 要想能够早期发现婴儿异常并对常见疾病进行及时处理，必须掌握 0～3 岁婴儿(　　)知识。【高级育婴师】

A. 生长监测　　B. 营养　　C. 心理　　D. 意外伤害护理

主要参考文献

[1] 国务院办公厅.国务院办公厅关于促进3岁以下婴幼儿照护服务发展的指导意见[EB/OL].(2019-05-09)[2022-06-01].http://www.gov.cn/zhengce/content/2019-05/09/content_5389983.htm.

[2] 国家卫生健康委员会.托育机构保育指导大纲(试行)[EB/OL].(2021-01-12)[2022-07-10].http://www.nhc.gov.cn/rkjcyjtfzs/s7785/202101/deb9c0d7a44e4e8283b3e227c5b114c9.shtml.

[3] 朱宗涵.养育照护是促进婴幼儿健康成长的重要保障[J].中国儿童保健杂志，2020，28(9):953-954.

[4] 洪秀敏.《托育机构保育指导大纲(试行)》的研制目的、价值取向与主要内容[J].幼儿教育(教育科学),2021,(5):3-7.

[5] 石小毛.儿科护理手册[M].北京:人民卫生出版社,2016.

[6] 花芸.刘新文.儿科护理操作规程及要点解析[M].武汉:武汉大学出版社,2013.

[7] 童连.0～3岁婴幼儿保健[M].上海:复旦大学出版社,2020.

[8] 曹桂莲.0～3岁儿童亲子活动设计与指导[M].上海:复旦大学出版社,2014.

[9] 周念丽.0～3岁儿童观察与评估[M].上海:华东师范大学出版社,2013.

[10] 王颖蕙. 0～3岁儿童玩具与游戏[M].上海:复旦大学出版社,2014.

[11] [美]特里·乔·斯威姆,科学照护与积极回应(第9版)[M].洪秀敏,等译.北京:北京师范大学出版社,2021.

[12] 王波,王珊.婴幼儿保育基础教程[M].北京:中国财富出版社,2016.

[13] 万钫. 学前卫生学[M].北京:北京师范大学出版社,2012.

[14] 王雁. 学前儿童卫生与保健[M].北京:人民教育出版社,2018.

[15] 马洁,韩玙,姬静璐. 学前儿童卫生与保育[M]. 北京:北京师范大学出版社,2017.

[16] 童连.0～6岁儿童心理行为发展评估[M].上海:复旦大学出版社,2017.

[17] [美]莱拉·甘第尼,卡洛琳·爱德华兹.儿童:意大利婴幼儿保育教育[M].尹坚勤,等译.南京:南京师范大学出版社,2020.

[18] 王冰.0～3岁婴幼儿日常照护[M].北京:北京师范大学出版社,2020.

[19] [美]劳拉·E.贝克.儿童发展(第五版)[M].吴颖,等译.南京:江苏教育出版社,2002.

[20] 陈帼眉.学前儿童发展与教育评价手册[M].北京:北京师范大学出版社,1994.

[21] 程淮,程跃.三岁前儿童发展家庭实用指南:同步成长全书[M].天津:天津教育出版社,1995.

[22] [美]罗恰特.婴儿世界[M].许冰灵,郭琴,郭力平,译.上海:华东师范大学出版社,2005.

[23] [美]丹尼斯·博伊德,海伦·比.儿童发展心理学(第13版)[M].夏卫萍,译.北京:电子工业出版社,2016.

[24] [美]卡拉·西格曼,伊丽莎白·瑞德尔.生命全程发展心理学[M].陈英和,译.北京:北京师范大学出版社,2009.

[25] 刘金花.儿童发展心理学(第三版)[M].上海:华东师范大学出版社,2013.

[26] [美]罗伯特·S.费尔德曼.发展心理学:探索人生发展的轨迹[M].苏彦捷,等译.北京:机械工业出版社,2011.

[27] 莫秀锋,郭敏.学前儿童发展心理学[M].南京:东南大学出版社,2016.

[28] [美]黛安娜·帕帕拉,萨莉·奥尔茨,露丝·费尔德曼.发展心理学:从生命早期到青春期(上)(第10版)[M].李西营,等译.北京:人民邮电出版社,2013.

[29] [美]唐娜·S.威特默,桑德拉·H.彼得森,玛格丽特·B.帕克特.儿童心理学:0～8岁儿童的成长(原书第6版)[M].何洁,金心怡,李竺芸,译.北京:机械工业出版社,2015.

[30] 王明晖.0～3岁婴幼儿认知发展与教育[M].上海:复旦大学出版社,2011.

[31] [美]约翰·W.桑特洛克.发展心理学:桑特洛克带你游历人的一生(原书第2版)[M].田媛,吴娜,等译.北京:机械工业出版社,2014.

[32] 张莉.儿童发展心理学[M].武汉:华中师范大学出版社,2006.
[33] 张婷,刘新民.发展心理学[M].合肥:中国科学技术大学出版社,2016.
[34] 叶澜.新编教育学教程[M].上海:华东师范大学出版社,1991.
[35] 刘杰,孟会敏.关于布朗芬布伦纳发展心理学生态系统理论[J].中国健康心理学杂志,2009,17(02):250－252.
[36] 杨玉凤.儿童发育行为心理评定量表[M].北京:人民卫生出版社,2016.
[37] 中国发展研究基金会.中国儿童发展报告 2017:反贫困与儿童早期发展[M].北京:中国发展出版社,2017.
[38] 苑立新.中国儿童发展报告(2020)[M].北京:社会科学文献出版社,2020.
[39] 中国妇幼保健协会婴幼儿养育照护专业委员会.婴幼儿养育照护关键信息 100 条[J].中国妇幼健康研究,2020,31(09):1132－1136.
[40] 黄楹,童连.国际托育质量评估与监测体系[J/OL].中国儿童保健杂志:1－5[2021－11－23].http://kns.cnki.net/kcms/detail/61.1346.r.20211019.0927.028.html.
[41] 黄楹,张海峰,童连.托育质量与儿童发展研究进展[J].中国儿童保健杂志,2020,28(09):997－1000,1008.
[42] 金燕妮.CLASS Toddler 与 ITERS－3 在托育机构师幼互动质量评价中的应用分析[D].金华:浙江师范大学,2020.
[43] 潘悦达,韩德民,李星明,卢九星.我国育婴师从业及教育培训现状分析[J].医学教育管理,2017,3(02):92－96,107.
[44] 张婵娟.0～3 岁托育机构从业人员现状分析及对策研究[D].上海:上海师范大学,2019.

日文文献

[1] 西坂小百合.0～6 岁儿童的发育和保育要点[M].日本:natsume 株式会社,2016.
[2] 松本峰雄.儿童的保健[M].タカックス株式会社,2016.

图书在版编目(CIP)数据

婴幼儿生活照护/金春燕,卢陈婵主编. —上海: 复旦大学出版社, 2022. 9(2024. 7 重印)
婴幼儿托育系列教材
ISBN 978-7-309-16201-1

Ⅰ. ①婴… Ⅱ. ①金… ②卢… Ⅲ. ①婴幼儿-哺育-教材 Ⅳ. ①TS976. 31

中国版本图书馆 CIP 数据核字(2022)第 091259 号

婴幼儿生活照护
金春燕　卢陈婵　主编
责任编辑/高丽那

复旦大学出版社有限公司出版发行
上海市国权路 579 号　邮编: 200433
网址: fupnet@ fudanpress. com　http://www. fudanpress. com
门市零售: 86-21-65102580　团体订购: 86-21-65104505
出版部电话: 86-21-65642845
上海丽佳制版印刷有限公司

开本 890 毫米×1240 毫米　1/16　印张 9. 5　字数 275 千字
2024 年 7 月第 1 版第 3 次印刷

ISBN 978-7-309-16201-1/T · 715
定价: 35. 00 元